AF142364

Gerd H. Meyden

Jägerwege

Leopold Stocker Verlag
Graz – Stuttgart

Titelgestaltung: DSR Werbeagentur Rypka GmbH, 8143 Dobl/Graz,
www.rypka.at

Alle Bilder (Umschlag und Innenteil) stammen vom Autor.

Bibliografische Information Der Deutschen Bibliothek
Die Deutsche Bibliothek verzeichnet diese Publikation in der Deutschen
Nationalbibliografie; detaillierte bibliografische Daten sind im Internet über
http://dnb.ddb.de abrufbar.

Hinweis:
Dieses Buch wurde auf chlorfreiem Papier gedruckt.
Die zum Schutz vor Verschmutzung verwendete Einschweißfolie ist aus
Polyethylen chlor- und schwefelfrei hergestellt. Diese umweltfreundliche Folie
verhält sich grundwasserneutral, ist voll recyclingfähig und verbrennt in Müll-
verbrennungsanlagen völlig ungiftig.

ISBN 978-3-7020-1378-3
Layout: werbegraphik-design Gernot Ziegler, 8054 Graz

Inhalt

Vorwort

Es gibt immer wieder so einen Tag, der mich zu keinen größeren Taten inspirieren kann. Von meinem, im malerischen Josefstal gelegenen „Jagahäusl", meinem Altersruhesitz, geht der Blick zu Brecherspitz und Jägerkamp, zum Felszapfen des Wendelstein und der steilen Flanke des Breitenstein. Der Nebel tanzte am Berg und die Schneefallgrenze sank immer tiefer. Mir war furchtbar langweilig. Da klingelte das Telefon und durch den Hörer drang die Stimme des Freundes Gerd Meyden: „Griaß di Gott, Koni!"

Schlagartig war ich wach, denn in diesem Fall gibt's immer eine „jagerische" Diskussion. Nach einem längeren Ratsch kam dann der Gerd auf den Punkt: „Du Koni, ich hab' ein neues Jagdbuch geschrieben, darf ich dich bitten, mir das Vorwort zu schreiben!" Dann meinte der zum Freund gewordene Jagdkamerad, dass es für ihn eine große Ehre sei, wenn ich diese Aufgabe übernehmen würde. Ich hingegen fragte mich, ob nicht ich mich geehrt fühlen durfte. Ich war stolz darauf, dass mir der Gerd diese Auszeichnung zuteilwerden ließ.

Wie immer, bevor ich zur Feder greife oder den Computer anwerfe, ging ich zunächst in den Berg. Ich verbrachte die Nacht auf der Engelweghütte. Der rote Südtiroler ließ mich bald in einen totenähnlichen Tiefschlaf fallen, bis mich dieser Raubesen von einem Wecker aus tiefen Träumen riss. Raus aus der warmen Sasse und rein mit dem Kopf in den sprudelnden Hüttenbrunnen! Nach einem bescheidenen Jagerfrühstück stieg ich ins Loden-g'wand, die Bergschuhe und Gamaschen, angelte aus dem Hütteneck den unverwüstlichen Bergstecken und zündete mir die

„Hahnfalzlaterne" an. Beim Funkeln der Sterne stieg ich dem Balzplatz entgegen.

Es war ein feines Pirschen durch den dunklen Bergwald. Langsam schlich ich mich dem Platz der Großen Hahnen entgegen. Immer wieder blieb ich stehen und horchte mit offenem Mund, ob nicht der Perlengesang der Hahnen zu mir herunterdringen würde.

Da – der erste Hahn hatte sich bereits eingesungen. Knappen, Trillern, Hauptschlag und Schleifen reihten sich aneinander. Ich sprang dem Hahn entgegen. Auf einer weitastigen Buche sah ich bald darauf den Minnesänger. Ich konnte dieses grandiose Schauspiel längere Zeit beobachten. Einem Schattenspiel gleich schritt der Hahn auf dem weit in den Sesselgraben ragenden Buchenast hin und her, mit leicht geöffneten Schwingen und in vollster Verzückung. Das dahinter aufragende Sonnwendjoch und der Schinder waren die passende Kulisse dazu. Eine Henne war eingefallen, der Hahn ging zu Boden.

Genau in diesem Augenblick fiel mir mein Freund Gerd Meyden ein. Was hätte der für eine Freude an diesem Anblick gehabt! Wie viele schöne Stunden durften wir schon zusammen verbringen!

Als ich in das Flachlandrevier „Ebersberger Forst" versetzt wurde, lernte ich Gerd Meyden kennen. Schnell stellte ich fest, dass wir die gleiche Einstellung, ja die gleichen Anschauungen haben. Beide trugen und tragen wir unsere „jagerische" Kleidung, die „Kurze", sprich: die Bundlederhose und die Lodenjoppe, und auf dem Tegernseer Jagdhut entweder eine Spielhahnfeder oder einen verwitterten Hirschbart. Gerd Meyden ist nicht nur ein hochpassionierter Waidmann, sondern auch ein exzellenter Jagdhundeführer, was sich zum Beispiel an seiner ersten Hündin, einer Bayrischen Gebirgsschweißhündin, zeigte, die er in seiner ruhigen, ausgeglichenen Art zu einer echten Meisterin auf der roten Fährte machte. Ich freue mich, dass ich ihm dabei helfend zur Seite stehen durfte. Wie oft wurde „der Gerd" schon gerufen, wenn ich im großen Wald unabkömmlich war, worauf er mit seiner „Silva" echte Fährtentreue und eisernen Finderwillen zeigte. Wie froh war ich, endlich einen Jagdkameraden und äußerst disziplinierten Nachsuchenführer an meiner Seite zu wissen.

Viele Jäger habe ich kennen und einige auch schätzen gelernt. Als Wildmeister gehörte es auch zu meinen Aufgaben, eine große Anzahl von Jagdgästen auf Hirsch, Gams, Sau, Muffel, Rehbock sowie auf den Großen und Kleinen Hahn zu führen. Es waren pfundige und großartige Jäger dabei. Gerd Meyden brauchte ich nicht zu führen, den konnte ich immer alleine losschicken. Wenn der Gerd schoss, dann wusste ich, dass alles passt.

Nun hatte er wieder zur Feder gegriffen und ein neues Jagdbuch geschrieben. Der Titel „Jägerwege" zeigt uns den Weg, den er gegangen ist. Ich kann nur sagen, es ist das Werk eines großartigen Waidmanns und ich empfehle es jedem waidgerechten Jäger.

Ich wünsche dem Waidmann und BGS-Führer, besonders aber dem Freund und Menschen Gerd Meyden einen vollen Erfolg für dieses Werk.

Schliersee, im Hahnenmond 2012   *Konrad Esterl*
                                         Wildmeister i. R.

Mein besonderer Dank gilt meinem jagdlichen Glückskleeblatt

 Eugenie,
Peter,
Friedl und
Bernd.

Ohne ihre großzügigen Einladungen und ohne ihre herzliche Freundschaft wäre dieses Buch nicht möglich gewesen.

Forstinning, im Sommer 2012

Gerd H. Meyden

Was bleibt hängen?

Ein Satz mit Doppelsinn. Zum einen geht's um die Trophäen. Übrigens – halten wir uns einmal vor Augen, was das Wort „Trophäe" bedeutet. Laut Lexikon ist es ein „Siegeszeichen". Ist dessen Erlangung mit der heutigen überlegenen Ausrüstung und Waffentechnik ein „Sieg"? Nennen wir es hier lieber Erinnerungsstück.

Meist am Ende des Jahres hänge ich die erbeuteten Stücke auf. Dabei stellt sich mir die Frage: Was hänge ich auf? Was bleibt hängen? Bei so manchem Stück war die Erlegung weniger eine Erbeutung, sondern schlicht – ein Todesfall. Wie's halt so geht auf der Jagd. Manchmal wird's einem von den grünen Geistern zu einfach gemacht. Da sagt man auch nicht nein. Und dann frage ich mich später beim Anblick eines Gehörns: „Wie war das damals eigentlich?" Da ist in der Erinnerung nichts hängen geblieben. Von etlichen Geweihen, Gewaff, Krucken und Kronen habe ich mich deshalb nach einiger Zeit getrennt. Würde man gar alles an die Wände hängen, da tät's bald ausschauen wie in einem Panoptikum. Unter den weggegebenen waren schwache, sowie auch wirklich starke Stücke. Aber – an ihnen hing nur eine blasse Erinnerung.

Hängen geblieben sind Knöpfler wie Kapitale. Da hing die Müh' und Plag' der Erbeutung dran, das kostbare Drum und Dran, das sich tief im Gedächtnis eingegraben hat.

Was bedeutet eine Beute, die uns mühelos geschenkt wird? Bald wird alles um sie verhaucht, vergessen sein.

Was sie zum wahren Gewinn macht, der im Gedächtnis hängen bleibt, das sind die Mühen um sie – die Wege.

Auf diese Wege – die Jägerwege – möchte ich Sie gerne mitnehmen. Lassen Sie uns schauen, was sich so nebenbei ereignete und wohin sie führten.

Unterm Schnepfenstern

Wenn am Ende des Tages der erste Stern am Abendhimmel funkelte, hörte ich schon als Kind oftmals meinen Vater sagen: „Schau, der Schnepfenstern!" Da ahnte ich noch nicht, mit welcher Erwartung ich später als Jäger nach ihm und den Schnepfen ausschauen würde. Diese von Geheimnissen umrankten Vögel hatten schon früh mein Interesse geweckt – besaßen sie doch einen eigenen Stern.

Wenn auf Treibjagden eine geschossen wird, dann ist's immer etwas ganz Besonderes. Der Erleger wird mehr bewundert und geachtet als einer, der für zehn Fasanen nur zehn Schuss gebraucht hat. Und auf der Strecke liegend, zieht der dürrlaubfarbene Waldbewohner stets alle bewundernden Blicke auf sich. Wenn die Treiber mit ihrem Ruf: „Schnepf, Schnepf!" einem da nicht den Puls in die Höhe jagen – da müsste man schon ein Fisch von Geblüt sein. So, nur so und nie in seinem Balzflug sah ich den „Vogel mit dem langen Gesicht". Den Schnepfenkalender konnte ich zwar schon früh hersagen, jedoch an „Oculi", wenn's heißt: „da kommen sie" – da hatte ich lange keine Gelegenheit für eine Begegnung mit ihnen. Dazu braucht man entweder ein eigenes Revier oder Freunde, die einem ihre Schnepfengründe zugänglich machen. So waren sie mir für viele Jahre nur herbstliche Beute.

Als ich dann selber Pächter eines Niederwildreviers wurde, konnte ich es kaum erwarten, dass es endlich so weit war – wenn im Schnepfenkalender steht: „Reminiscere – putzt die Gewehre!"

Mitten in unserem Revier gab's ein Waldstück, das von quelligen Gründen durchgluckert, mit Erlen und Weidenbüschen so recht nach den Langschnäbeln roch. Wäre ich ein Schnepf, hier würde ich nach Würmern stechen. Meine gleichfalls passionierte Frau und ich malten uns aus, wie schön es wäre, wenn eulengleich die „Scolopaxe" abends über die Wipfel schaukelten.

Noch lagen kleine, griesige Schneereste in den Schattengründen. Der sumpfige Waldboden mit seinem bitteren Geruch war bereits „vom Eise befreit". Die ersten Lurche hörte man vom nahen Tümpel quarren, wo sich die Laichgesellschaft alljährlich zum nassen Hochzeitsfest zusammenfindet. Die Singdrosseln waren schon zurückgekehrt und ihr Abendgesang ließ das Herz höher schlagen – der Winter war endlich vorbei. So standen wir, die Flinten in der Armbeuge, der Hund erwartungsvoll neben uns, am Rande einer kleinen Blöße. Allmählich verebbte der Gesang der Drosseln; die Nacht warf ihren dunklen Schleier über die Welt. Und da, über der Zackenlinie ferner Wälder, blitzte er auf, der Schnepfenstern. Werden sie jetzt kommen?

Sie kamen nicht. Sie kamen nie; außer im Herbst. Das machte uns aber nichts aus. Jeden freien Abend zwischen „Oculi" und „Quasimodogeniti", wo es heißt: „Hahn in Ruh', nun brüten sie!", waren wir auf dem Anstand. Allein draußen im Revier das erwachende Jahr zu erleben, mit dem kleinen Hintergedanken: Es könnte doch mal eine kommen, das lockte uns hinaus. Das war für uns der stimmungsvolle Beginn des Jagdjahres. Bis dann eines Tages die Frühjahrsjagd auf die Langschnäbel verboten wurde. Mit dem Schnepfenstrich in deutschen Landen war's nun vorbei.

Und wie schon so oft, überraschte mich mein Freund Peter mit einer Einladung in sein Bergrevier im Salzkammergut. Die Österreicher hatten sich von Brüssel nicht hineinreden lassen, denn es war hinlänglich bewiesen, dass die Balzjagd keinen negativen Einfluss auf den Bestand hat.

Der Freund hatte gerade sein neues Jagdhaus eingeweiht, und wir wollten nun den Reigen des Jagdjahres mit dem Schnepfenstrich eröffnen. In der bewaldeten Zone der Berge gibt es viele kleine Hochmoore, gerade recht für die heimlichen Vögel. Der Jäger Hannes sah mit Staunen unsere Begeisterung, denn einem Bergjäger bedeutet die Jagd mit der Flinte recht wenig.

Am frühen Abend zog ich mit dem Berufsjäger und meinem Kurzhaar Norma los. Mitten auf einem Schlag, der sich ein wenig über die umgebende Fläche eines moorigen Gebiets erhebt, erwarteten wir in Deckung von ein paar kleinwüchsigen Fichten den Abend. Wieder blickte ich hoffnungsfroh nach meinem Freund aus – dem Schnepfenstern. Und wirklich, als er blinkend über den Berggipfeln am verdunkelten Himmel erschien, hörte und sah ich auch schon den ersten Vogel mit dem langen Gesicht murksend in weiterer Entfernung über die Wipfel schaukeln. Beglückt, dass ich das nun endlich erleben konnte, schaute ich ihm nach und hätte beinahe den nächsten verpasst, der links an uns vorbei streichen wollte. Geistesgegenwärtig ging der Jäger Hannes in die Knie – in Deckung. Mitgeschwungen – und auf den Schuss warf es den Schnepf mit weichem Fall ins Beerkraut. Bevor ich den Hund zum Bringen losschicken konnte, strich auch schon der nächste direkt auf mich zu. Genau überkopf fasste ihn die Schrotgarbe. Nur leicht getroffen, trudelte er mit weit gespreizten Schwingen senkrecht auf uns herab. Die neben mir sitzende Hündin hatte alles mitangesehen und sich nicht erhoben. Der Vogel schwebte weiter senkrecht auf uns nieder – es klingt wie tollstes Latein – und landete genau im geöffneten Fang der braven Hündin. Der Hannes war fassungslos. So etwas hatte er noch nie erlebt. „Dees," sagte er, „dees glaubt uns kaaner." Es war auch wirklich unglaublich, und ich freute mich, einen Zeugen dabeigehabt zu haben. Der Peter, der mit ungläubigem Schmunzeln unsere Geschichte hörte, hatte sogar drei der Langschnäbel erbeutet. Wir haben daraufhin eine schöne, kleine Feier veranstaltet und beschlossen, dass es genug wäre für dieses Jahr.

Ein Dezennium später war ich Teilhaber an einem Hochgebirgsrevier. Auch wenn Jagdzeit gewesen wäre, man hätte keine erbeuten können. Wegen des Schnees in dieser Höhenlage war's für die Schnepfen im Frühjahr unmöglich, dort Rast zu machen.

Im Herbst jedoch sollte es ein Wiedersehen mit ihnen geben.

Kurz nach der Hirschbrunft war's, da hockte ich noch im Dunkeln auf einer überdachten Leiter. Es galt dem Kahlwild. Noch ehe die Sterne gänzlich verblassten, hörte ich die Fledermäuse von nächtlicher Jagd heimkehren. Unsere Kanzel- und Hochstanddächer waren über dem Bretterdach mit Wellbitumen gedeckt. Da hörte man die Flatterer zur Tagesruhe in die Höhlungen hineinkrabbeln. Es war reizend anzuschauen, wenn am Abend beim Schwinden des Büchsenlichts sich eine um die andere aus ihrem Tunnel in die Nachtluft hinausschwang.

Die Venus, als letzter Stern, erstrahlte noch hell, da strich mit lautem Murksen und Quorren eine Schnepfe über die Lichtung. Bald darauf eine zweite und eine dritte. Jetzt sah ich meine Stunde gekommen. Am nächsten Morgen wollte ich die Büchse daheim lassen und mir hier mit der Flinte einen Platz suchen.

So kam ich also doch noch zum Schnepfenstrich in heimatlichen Gefilden. Und wirklich, einen Murkerich konnte ich erbeuten. Das war mir schon genug.

Und noch etwas sehr Eigenartiges ereignete sich an diesem Morgen: Als ich noch im Finstern den hellen Morgenstern – meinen Schnepfenstern – bewunderte, fuhr ein Komet, groß wie eine Feuerwerkskugel, über den Himmel. Fast meinte ich es rauschen zu hören. Die Erscheinung war so riesengroß; einen solch feurigen Meteoriten hatte ich noch nie gesehen. Anderntags fand ich in der Zeitung jedoch nichts über eine Feuerkugel am Himmel.

Aber wer ist schon um diese Zeit unterwegs, außer einem narrischen Jäger, der nach Schnepfen und deren Stern ausschaut.

Ein Südtiroler

Fackelschein. Hörnerklang. Bunte Strecke von Rot-, Schwarz- und Rehwild. Ein paar Füchse.

Dahinter, schon ein wenig im Dunkeln, die Schar der Jäger. Wo soll ich da den Luis finden?

Bei dieser, wie auf den vorhergegangenen Drückjagden war ich mit meiner BGS-Hündin Raika als Nachsuchenführer dabei. Nach dem zweiten Trieb bekam ich ein Standprotokoll für die Anschusskontrolle eines vermutlichen Fehlschusses zugeteilt, was keine große Hoffnung auf Erfolg versprach. Doch letztenendes liegt die Entscheidung dafür immer noch beim Hund. Was mir an diesem Zettel auffiel, war der Name des Schützen: „Luis M." Ein wohlklingender Südtiroler Name. Ich weiß, dass bei uns im Ebersberger Forst jedes Jahr eine Gruppe aus dem „heil'gen Land Tirol" dabei ist. Und dass diese Jäger hauptsächlich wegen der Sauen hier sind. Daheim haben sie – noch – keine.

Die Nachsuche war kurz und – erfolgreich. Nach 200 m standen wir vor dem längst verendeten Überläufer. Das war, wie gesagt, nach dem letzten Trieb, und es begann schon schnell zu dunkeln. Bis ich die Sau im Auto hatte, war's Nacht geworden. Am Aufbrechplatz fand ich keinen Menschen mehr, also versorgte ich den Hosenflicker selber, schaffte ihn schnellstens zum Streckenplatz, wo bereits die Ansprache des Jagdleiters begonnen hatte.

Da ich weiß, wie sehr sich ein Jäger freut, wenn wider Erwarten die Erfolgsmeldung kommt, und wenn's ein rechter ist, dass er auch sein Wild gern noch anschauen möchte, also fragte ich mich nach dem Halali durch. Nach Luis M. Einer der Ansteller zeigte mir die Gruppe der Südtiroler, die in der Finsternis, ein wenig vom Fackelschein erhellt, beieinander stand.

„Bitte wer von euch ist der Luis?"

Einer aus ihrer Mitte meldete sich mit „was willsch?"

Ein schwarzer Bart umrahmte das scharf geschnittene Gesicht eines hochgewachsenen Mittdreißigers. Trotz der Dunkelheit meinte ich in seinen Augen, die mich kritisch fixierten, den Hauch eines stillen Kummers zu erkennen. Ich führte ihn zu seinem Überläufer und gratulierte ihm mit Weidmannsheil. Überglücklich quetschte er mir die Hand.

„Des isch mei erschte Sau!"

Er kniete nieder, fuhr mit der Hand über die Schwarte, betastete staunend wie ein Kind seine Beute. Drehte den Wutz herum und schaute sich seinen Schuss an. Von den Fichtenzweigen an der Strecke nahm ich einen Bruch, den er beglückt an seinen Hut steckte. Ich ließ ihn allein.

Gerade als ich mich in der Dunkelheit zu meinem Wagen davonstehlen wollte, hörte ich eilige Schritte hinter mir und eine Hand legte sich auf meine Schulter. Der Luis.

„Geh mit zu meinem Auto!"

Dort holte er aus dem Kofferraum eine Dreier-Schachtel mit Wein.

„Aus meinem Weinberg. Und nochamal Weidmannsdank für die Nachsuch'!"

Wir haben dort keine dieser Flaschen geöffnet, aber noch lange standen wir in der Nacht beisammen und als wir uns trennten, hatten sich zwei Jäger gefunden, die offenbar aus dem gleichen Holz geschnitzt waren.

Das Jahr ging dahin. Danach musste ich oftmals an den Jäger denken, der sich so an seiner Beute gefreut und sich sogar auch noch für die Nachsuchenarbeit bedankt hatte.

Im ausgehenden Winter erreichte mich eine Einladung auf einen Spielhahn im Revier vom Luis. Im Anschluss an Nachsuchen habe ich ja schon so manches erlebt, aber das hier war mehr als ungewöhnlich; das ließ mein Herz höher schlagen.

Es war Anfang Mai, als ich über den Brenner fuhr. Im Tal leuchteten die Obstbäume wie überschneit in weißer und rosa umwölkter Blütenpracht. In einem Seitental grüßte vom Berghang eine zinnenbewehrte Burg. Der Edelansitz von meinem neuen Freund Luis. Der Empfang war herzlich und die Gastlichkeit im Kreis seiner Familie wie aus einem Roman. Er führte mich umher und wies mit ausgestreckter Hand stolz ins Tal: „Unsere Weingärten".

Jetzt endlich sah ich ihn bei Tageslicht. Meine erste Empfindung, dass den Mann irgendeine Schicksalslast drücke, war wieder gegenwärtig. Der Abend verging in kulinarischen Höhepunkten, umrahmt von den köstlichsten Weinen. Selbstverständlich alle aus eigenem Anbau. Der Freund hatte mich in der Einladung gebeten, mir viel Zeit zu nehmen, denn nichts sei ihm mehr zuwider, als Eile bei der Jagd. Auch hier ein Gleichklang.

Am nächsten Tag brachen wir auf in sein Bergrevier. Der steile Weg zu seiner oberen Jagdhütte – im unteren Teil des Reviers war deren noch eine – hatte es mit unseren wohlgefüllten Rucksäcken in sich. Luis war besorgt, dass es mir auch an nichts fehle, und so drückten einige Flaschen seiner Kreszenzen nebst guter Südtiroler Marende unsere Schultern. Wir würden es am Morgen nicht mehr allzu weit haben. Lieber sich am Abend etwas mehr plagen und dann nächstentags gemütlich aufsteigen. Wieder ganz im meinem Sinn.

Beim Aufstieg hatte dieser sehnige Mann, der mit keinem Gramm zuviel auf den Knochen als das Urbild des Bergjägers erschien, offenbar Probleme. Immer wieder blieb er stehen, verschnaufte minutenlang und versteckte körperliche Schwäche, indem er mir die Berge ringsum erklärte. Gegen diese Rasten hatte ich nichts einzuwenden, war ich doch selber nimmer der Jüngste und um Verschnaufpausen froh. Doch etwas stimmte mit diesem Berglertyp nicht. Wir kannten uns ja noch nicht lange, so lag es mir fern, nach seinen Problemen zu fragen. Er wird, so sagte ich mir, schon selber damit herauskommen, wenn er es will.

Unser morgendlicher Gang zum Balzplatz beim Sternenschein war genussvoll nur eine gute Halbstunde weit. Im Latschenschirm sicher gedeckt, warm in unsere Lodenkotzen gehüllt, erwarteten wir den Tag. Langsam nahmen die Berge in der Runde Gestalt an. Vor uns, fast wie eine Arena, von Latschen und riesigen Felsbrocken gesäumt, lag der von Firnschnee bedeckte Tanzplatz der schwarz-weiß-roten Ritter. Die Stille, die Einsamkeit, und die Erkenntnis, auf weitem Umkreis dem Menschengewühl entfleucht zu sein, machten den Genuss des Jagens vollkommen. Kein Wort, nur Schauen und Lauschen. Und dann, noch war kein Schusslicht, fiel schon der erste Hahn ein. Ein kurzes Sichern, und er spielte sich ein. Bald darauf waren drei, dann vier, fünf Kleine Hahnen auf der Tanzbühne. Lange schauten wir dem Schauspiel zu, bis es voller Tag war, die Hennen zu locken begannen und es Zeit wurde, sich zum Schuss zu entschließen. Inmitten der sich ständig drehenden, grugelnden und blasenden Schar hatte ich mir einen Hahn ausgeguckt, der mit seinem schwarzblau blitzenden Gefieder breite, lange Sicheln hinter sich herschleppte. Auf den Schuss kugelte er ein wenig den Hang hinab und blieb mit ausgebreiteten Schwingen am unteren Ende des Schneefelds verendet liegen. Wie atemlos vor Freude packte mich der Freund an der Schulter und meine Hand drückend, keuchte er seinen Glückwunsch: „Weidmannsheil!"

Wir blieben noch eine Zeitlang sitzen in unserem Schirm, erfreuten uns am Anblick der unweit liegenden Beute, des Morgenlichts auf den Bergen – des Jägers Glück war nicht zu überbieten.

Urplötzlich, wir waren noch ganz im Nacherleben versunken, fauchender Schwingenschlag über uns, ein Adler kam wie ein Schatten von hinten herangeschossen – im Niederstoßen packte er den verendeten Spielhahn – und war – ehe wir noch einer Reaktion fähig waren, mitsamt meiner, nun seiner Beute, in der Überriegelung des steilen Berges verschwunden.

Wir schauten uns sprachlos an. Das war doch die Höhe! Als erster fand der Luis die Sprache wieder.

„Der Sauteifl!"

Und dann mussten wir doch lachen. Was sollten wir auch anderes machen. Der Adler hatte sich nur das geholt, was ihm aus seinem Reich zustand. Da, wo der Hahn gelegen hatte, zeugten nur noch ein paar Schweißspritzer und eine Feder von der Schwinge, dass wir das Ganze nicht erträumt hatten. Die konnte ich mir nun an den Hut stecken.

„Morgen schiaß mer uns no oan, den hol' mer uns aber glei nach 'm Schuss."

Drunten, beim Frühstück in der Hütte, erzählte mir der Luis, dass er unheilbar erkrankt sei. Er habe sich entschlossen, die Zeit, die ihm noch verbleibe, mit jagern, gut essen, gut trinken und in froher Gesellschaft Gleichgesinnter zu verbringen.

„Wanns aus is, is aus!"

Das war seine Einstellung. Den Weinbau-Betrieb habe er seiner Schwester übergeben, sodass er sich ganz der Jagd widmen könne.

Wir sind darauf noch zwei Morgen in finstrer Nacht zum Balzplatz aufgestiegen, doch die Hahnen hatten sich zum gegenüberliegenden Berg verstrichen.

Als wir uns trennten, war sein Blick fest und hoffnungsfroh.

„Kommst halt nächstes Jahr wieder – wann's mag!"

Im darauf folgenden Herbst schaute ich bei all unseren Drückjagden vergeblich nach dem Luis aus. Einmal hörte ich, dass die Südtiroler wieder da seien.

„Was ist mit dem Luis?" war meine bange Frage.

„Der, der ist zurzeit in Afrika, der möchte noch einen Büffel schießen."

Das klang schon mal nicht schlecht.

Im Jahr darauf rief der Freund an und lud mich wieder zum Spielhahnjagern ein.

Ein ganz anderer Luis empfing mich auf seinem Ansitz in den Bergen. Straff und voller Lebenslust, sprühenden Auges umarmte er mich.

„Ich hab's geschafft! Ich hab's geschafft! Jagern ist die beste Medizin. Die Krankheit bin ich los!"

Wir haben diesen unglaublichen Sieg gebührend gefeiert. Ach ja, einen Hahn haben wir auch miteinander geschossen. Den haben wir aber gleich geborgen.

Ein „schöner" Rehbock

Na klar, ich höre schon das Grollen der weisen Knasterbärte, das mich in jungen Jahren jedes Mal zusammenzucken ließ, wenn da etwas in ihren Ohren nicht so ganz korrekt ihrem Weidmannsbrauch entsprach. „Schön, mein Lieber", so hieß es, „ist nur ein…", na ja, Sie wissen schon. (Das trifft nun auch nicht in jedem Fall zu.) Schön ist eigentlich jedes noch von keiner menschlichen Züchterhand entstellte Tier. Aber es gibt auch besonders schöne Wildtiere, die ganz unserem Bild von Vollkommenheit entsprechen. Und von solch einem will ich heute erzählen.

Bei einem unbewaffneten Reviergang im März zeigte mir meine BGS-Hündin Raika eine recht beeindruckende Fegestelle. Mit ihr ist jeder Spaziergang eine Geduldsprobe. Ständig muss sie irgendwas genau untersuchen und lässt sich durch nichts aus der Ruhe bringen. Zweige und Gräser werden von oben bis unten beschnäuffelt. Wenn sie nur sagen könnte, welches Wild, welcher Stärke da durchgewechselt ist! Hier war es eindeutig. Der Bock, der da gefegt hatte – und er konnte weit hinaufreichen, der kann kein geringer sein. Den Platz wollte ich mir vormerken. Doch die Wochen vergingen, und ich vergaß das Gesehene.

Ein saukalter Mai. Die Eisheiligen sind wohl heuer in Kompaniestärke angetreten. Dazu Regen, Sturm und, wie gesagt, Kälte. Vorgestern hat's mich von der Leiter regelrecht herunter gewaschen. Erst fing's nur sacht zu wehen an, dann kam schnell das Unwetter mit Blitz, Donner und Wasserschwall über mich. Als dann ein ohrenbetäubender Blaufeuerschlag knapp 100 m neben mir eine Fichte zerspellte, machte ich mich fluchtartig auf die nassen Socken. Beim rettenden Auto angekommen, war ich reif zum Trockenschleudern.

Herbstbeute

Ein „schöner" Rehbock

Der „Schöne"

... der vom 25. – ist es ein Vetter des Bockes vom 22.?

Heute habe ich mich schön warm eingepackt, grad wie zum Fuchspassen. Es ist immer noch eisig. Von wegen Wonnemonat. Lange Unterhose und drüber das bewährte Zwiebelsystem.

Die Leiter an der alten Weißtanne soll es heute sein. Den Rucksack – respektlose Spötter haben ihn als meine „Zweitwohnung" bezeichnet – muss ich neben den schmalen Sitz hängen, leider bleibt daneben kein Raum. Ich habe mir nämlich ein schönes Stück italienischer „Salami alla Cacciatora" mitgenommen. Weil ich gerne früh dran bin, ist es eine rituelle Handlung, wenn ich mir immer wieder eine hauchdünne Scheibe von der Wurst abschneiden kann. Die verflixte Sommerzeit ist mir ein Kreuz: Um 17 Uhr ist es zu früh zum Abendessen und beim Heimkommen zu spät für ein geruhsames Mahl. Und im Juni mit den langen Tagen, da wird's noch ärger. So verlege ich halt die Brotzeit auf den Ansitz. Ach ja!, richtig, auch da höre ich wieder Gegrummel der Knasterbärte: „Wie kann man nur?! Auf dem Hochsitz keine Bewegung!" Doch heute bräuchten sie nicht die Stirne zu runzeln, heut ist's hier oben einfach zu eng zum Wurstschneiden. Nun, ich werd's überleben.

Der Himmel ist gleichmäßig zinngrau, der Wind passt – nur, was ist mit dem Regen? Heute wohl keine Lust, ihr da droben? Vor mir eine Blöße, nicht allzu groß, wenn da was austritt, heißt's schnell ansprechen. Linker Hand stubenhohe Buchen unter weiträumig stehenden alten Fichten und Weißtannen. Herzerfreuend, das frische, junge Grün des Laubs. Ein Fest für die Augen nach dem langen Winter. Direkt gegenüber umschließt eine Fichtendickung die von Brombeergerank unterbrochene, kleine Grasfläche. Die Drosseln mit ihrem Abendlied. Man könnte fast einen Text unter ihre Strophen setzen. Hinter mir schwingen sich Tauben mit klatschendem Geflatter zur Nacht ein. Den Kuckuck vermisse ich heuer noch. Bei seiner Rückkehr aus dem Süden wird er echte Probleme bekommen. Die Wirtsvögel haben längst ihre Gelege ausgebrütet. Wo führt das noch hin mit der Klimaverschiebung?

Rings um meine Leiter hat sich ein Teppich von Weißtannenanflug ausgebreitet. Naturverjüngung trotz Rotwild, trotz Rehwild. Am ernsten, dunklen Grün der Zweige leuchten die maigrünen Spitzen der frischen Triebe. Während ich noch in Gedanken abwäge, wo ich mir ein Reh hinwünschte, sofern denn eines käme, zieht schon aus der Fichtendickung eine Geiß. Da brauche ich kein Glas, das ist kein Schmalreh. Träger und Vorschlag sind schon rot, doch Figur und Haupt sprechen für ein reiferes Semester. Und dann kann ich auch, da sie von mir fortzieht, das pralle Gesäuge erkennen. Schnell schließt sich hinter ihr der grüne Vorhang der Buchen. Wenn's ein jagdbares Stück gewesen wäre, da hätt's geschwind gehen müssen.

Genussvoll lehne ich mich zurück. Wie schön, ich habe ja schon Anblick gehabt, obwohl es noch früh am Abend ist. Sicher wird das Wild heute, nachdem das Wetter sich beruhigt hat, gut ziehen. Da erhasche ich links von mir aus dem Augenwinkel eine Bewegung. Kommt die Geiß wieder zurück? Oha! Von wegen Geiß – über den Weg zieht ein Bock! Und – hallo, was für einer! Prächtig prahlt seine gut vereckte Krone. Ziemlich grau ist er noch. Nach der Figur kein Jüngling mehr. Das alles erfasst mein Sinn in Sekunden und die Fegestelle vom März kommt mir in den Sinn. Schon ist er in den Buchen untergetaucht. Wenn er den Wechsel beibehält, so muss er gleich wieder auf der Blöße auftauchen. Das Fadenkreuz der gestochenen Büchse verfolgt seinen Weg durch die dicht belaubten Bäume. Jetzt wär' er frei, aber halt!, schräg von mir abgewendet steht er. Nein, solch einen Schuss quer durch den Wildkörper, den möchte ich nur in der Not auf ein angeschweißtes Wild machen. Wie verwüstet das Wildbret dann ausschaut – wer soll das dann noch essen? Oh verflixt, jetzt zieht er von mir fort, weiter hinein in den Jungwald. Aber gleich werde ich belohnt, er wendet sich wieder her und wechselt langsam der Blöße zu. Kaum ist er da heraußen, hat er's plötzlich eilig. Gleich wird er drüben in der Fichtenjugend untertauchen. Auf mein kurzes „böhh!" verhofft er sekundenbruchteilkurz, und der Schuss knallt grell in den stillen Abend. Krampfiges Zeichnen, spitz flüchtet er von mir fort. Weg ist er, nach links über die freie Fläche, über die Brombeeren in Richtung Fichtendickung. Leer ist die Bühne. „Ja Bluat vo' der Katz'!" Was war da mit dem rechten Vorderlauf? Schlenkerte der? Das kann, das darf doch nicht sein! Gewiss, es ging verdammt schnell. Habe ich vermuckt? Aber ich beruhige mich, wenn die Blattschaufel getroffen war, dann hatte ich schon manches Mal dieses vermeintliche „Schlenkern" oder Lauf-Hochziehen gesehen. Doch der Zweifel nagt. Wer kennt das nicht? Normalerweise fallen die Stücke mit der 243 aus dem Zielfernrohr. Na gut, jetzt warten wir erst einmal. Dann soll der Hund Arbeit bekommen.

Wenn ich nur zum Ansitz ins Revier fahre, lasse ich meine Raika gerne daheim. Was soll sie drei, für sie langweilige Stunden im Auto hocken? Da hat sie es zu Hause schöner; ein Anruf genügt, und meine Frau ist innerhalb kurzer Zeit mit ihr zur Stelle. Also her mit dem Handy, und ich berichte, was los ist und wo sie mich findet.

Bis die Zwei eingetroffen sind, plagt mich die Ungeduld zu sehr und ich schaue mir den Anschuss an. Da ist rein gar nichts zu finden. Das gibt's ja nicht! Kein Schweiß, kein Pirschzeichen! Ich hatte mir den Anschuss doch genauestens gemerkt. Das Licht ist gut, es ist noch früh am Abend. Gefehlt? Ach nein, nicht möglich, es waren gerade knapp 60 Meter. Oder doch? Man kennt das, auf der Jagd passieren die tollsten Sachen, und ein Fehlschuss ist schon mal drin, zumal ich ganz fix schießen musste. Jetzt will ich nicht länger hier herumtappen. Wofür habe ich die erfahrene Raika, die würde die Sache schnell klären.

Nach ein paar Minuten sind meine Zwei da. Den Schweißriemen abgedockt – die Raika weiß längst, es wird ernst. Da ich mit meinen unzulänglichen Sinnen am Anschuss nichts finden konnte, lasse ich die Rote Hündin gleich vorsuchen. Ruhig und besonnen legt sie sich in den Riemen. Na also! Nach einigen Metern zeigt sie schon Schweiß – ein winziges, hellrotes Tröpfchen. Aufatmen! Die Farbe gefällt mir. Da können wir beruhigt, nach so kurzer Wartezeit, weiter der Fährte nachhängen. Sie führt durch die weite Fläche der Brombeerdornen. Welcher Hund mag das schon? Sie stakst drüber wie der Storch im Salat, zeigt brav immer wieder spärliche Schweißtröpfchen. Bald kommen wir über eine Waldgrasfläche, auch hier ganz wenig Schweiß – und dann finden wir gar keinen mehr. Doch ich kann mich auf meine bewährte, alte Hündin verlassen. Das hier ist wahrlich keine besondere Aufgabe für einen Hund vom Fach. Nach gut 150 m stehen wir vor einem dichten Horst von mannshohem Fichtenanflug. Immer wenn's bei einer Nachsuche in ein bürstendichtes Dickicht hineingeht, kommt mir der Vers aus Schillers „Die Kraniche des Ibikus" in den Sinn: „Und in Poseidons Fichtenhain tritt er mit frommem Schauder ein." Nun – der Schauder hier ist nicht fromm, sondern nasskalt. Wie eine getaufte Maus bohre ich mich mit meinem Hund in die Dickung. Zum Glück wird nach wenigen Metern der Riemen schlaff. Ganz verdeckt, tief unter den bodentiefen Zweigen liegt der eselsgraue Bock. Ohne Hund würde jeder daran vorbeitappen. Beglückt ziehen wir ihn heraus. Ja, wahrlich ein wunderschöner Bock! Das Sechsergehörn ist ebenmäßig, wie aus dem Bilderbuch. Die Rosen sind breit und hoch. Bei näherem Hinschauen sind sie noch voller Späne. Der Herr Bock hat kräftig gefegt. Gut, dass das hier kein wildfeindlicher „Holzfuchs" sieht! Die Kugel sitzt ganz weit vorn, gerade noch am vorderen Rand der rechten Blattschaufel. Ausschuss – Fehlanzeige. Das erklärt den wenigen Schweiß, das erklärt auch die weite Abfluchtstrecke. Die Lunge hatte nur ein Geschoßsplitter getroffen. (Jetzt höre ich die Knasterbärte wieder: „So einen guten Bock schießt der, jetzt schon im Mai!" Da kann ich nur sagen: „Tja mei! Nur kein Neid!")

Wir legen unsere schöne Beute auf einen alten Baumstumpf inmitten der winzigen Weißtannen und freuen uns alle drei über die spannende Jagd. Der leise einsetzende Regen ist uns Dreien gleichgültig. Wir sitzen im Trockenen unter dem dichten Schirm der alten Weißtanne und verschmausen die aufgesparte Salami genüsslich in aller Ruhe.

Das Rauschen des Wassers wird immer heftiger. Doch schon keimt Hoffnung auf – der Sommer wird kommen – der Regen wird schon mal wärmer.

Darz bor

So sagt man in Polen „Weidmannsheil“. Vor Jahren auf einer Saujagd im Oderbruch hörte ich's zum ersten Mal. Von diesen Tagen sind mir nur wenige Schlaglichter im Gedächtnis geblieben. Pausenloser Regen fällt mir ein. Jagdgebiet war das riesige Bruch- und Schilfgebiet östlich des Oderdamms. Den schlauen Schwarzkitteln war's zu feucht geworden, fast alle hatten die ungemütliche Gegend verlassen. Unser Erfolg war dementsprechend.

Bei einem Trieb, es war eine breite Gasse durch das Schilf gemäht, hatte ich als rechten Nachbarschützen den sympathischen Senior unserer Gruppe. Bald nach dem Beginn des Treibens rumpelten nahe bei ihm drei dicke Keiler über die Schneise. Mit der Büchse an der Wange fuhr ich mit und wartete verzweifelt auf seinen Schuss. Nichts geschah. Pürzel schwenkend entschwanden die Schwarzen unbeschossen im Halmenmeer. Nach dem Trieb fragte ich ihn, ob er mit dem Schuss Probleme gehabt hätte.

„Schuss, worauf?“

„Na auf die dicken Keiler.“

„Ich hab' keine gesehen, wo sollen denn welche gewesen sein?“

Als ich ihn aufklärte, dass sie ihn beinahe umgerannt hätten, konnte er es kaum glauben.

„Warum haben Sie dann nicht geschossen?“ rief er verzweifelt aus. „Ich wäre durch Ihren Schuss schon aufgewacht.“

„Seien Sie mir nicht böse, aber Weckschüsse habe ich nicht im Programm. Und meinem Nachbarn die Sauen vor der Nase wegzuschießen ebenfalls nicht.“

Glücklicher Auftakt: der 1. Ostpreußenbock

Raffael an der Hochsitz-Ruine   *Einer der rund 3.500 masurischen Seen*

Pirsch am Morgen durchs tauglänzende Gras

Die Jagdfreunde (v. r. n. l.): Raffael, Horst, Wilfried, Hartmut, Peter, Autor

An diesem Tag belohnte mich Diana für die Zurückhaltung. Zwei Keiler flüchteten in vollem Karacho halbschräg vor mir auf etwa 60 m über eine freie Fläche. Mitgefahren, und der größte von ihnen, ein wahrer Urian, schlug zwei tolle Saltos, wie ich es noch nie, außer bei einem Hasen, gesehen hatte. Wenn so eine starke Sau – und diese hatte mehr als 150 kg – zweimal Überkopf geht, das hat schon was. Der Jagdleiter hatte es auch mit angesehen. Lachend schlug er mir auf die Schulter.

„Darz bor!"

Die weiteren Tage blieb mein Rohr blank. Doch der Anblick von Hunderten von Kranichen, die auf den umliegenden Feldern einfielen, entschädigte mich. Vielleicht hat mich auch das Beobachten zu sehr abgelenkt, dass es mir wie dem alten Jäger ergangen ist und ich den nächsten Sagenkeiler verpennt habe.

Das Jagdgebiet wurde wegen des steigenden Hochwassers in die umliegenden Wälder verlegt. An Wild hatte ich dort keinerlei Anblick. Dafür wurde ich durch den Auftritt Schwammerl suchender Polenfamilien reichlich unterhalten. Doch das war nicht unbedingt der Zweck der Reise.

Übrigens, die Waffen des „Klaviers" entsprachen nicht seiner sonstigen Stärke. Das tat meiner Freude daran keinen Abbruch. Beim Anblick seines Gewaffs erscheint vor meinem Auge noch immer der doppelte Salto.

Des Weiteren erinnere ich mich, dass die erlegten Sauen – und es waren bei unserer Gruppe von 7 Jägern täglich etwa 5 bis 6 Stück – gegen Abend immer runder wurden. Man warf sie unaufgebrochen übereinander auf einen Anhänger. Den ganzen Tag wurden sie durch die Gegend gekarrt. Abends waren sie wie Ballons aufgebläht.

Wir haben zum Glück nichts davon essen müssen. Man hat uns jedoch mit deftigen Speisen mehr als reichlich und liebevoll bewirtet. Von der wohlbehüteten, gepflegten Gastlichkeit kann ich noch erwähnen, dass abends ab 22 Uhr niemand mehr vors Haus in das umzäunte Grundstück durfte, weil da die frei gelassenen Kettenhunde zähnefletschend ums Haus streiften, damit ja kein Bösewicht weder unseren Blechkisten noch unseren Luxuskörpern zu nahe käme.

Schon seit Jahren schwelte in mir der Wunsch, einmal in Masuren zu jagen. Immer jedoch zog es mich weiß Gott wohin, und dieser Herzenswunsch blieb unerfüllt. Hat es doch mit Masuren in meinem Fall eine besondere Bewandtnis. Es ist das Land meiner Vorväter. Jahrhundertelang siedelte dort die Familiensippe. Bis sie in den Jahren 1944/45 zum zweiten Mal aus ihrer Heimat vertrieben wurde. Das erste Mal jagte man sie im 17. Jahrhundert wegen ihres Glaubens aus ihrem Salzburger Vaterland. Sie wollten ihrer evangelischen Religion nicht abschwören.

Durch die Bekanntschaft mit dem Schriftsteller Syskowski, der mich durch seine Bücher und kenntnisreichen Erzählungen über die heutige Jagd in Ostpreußen neugierig gemacht hatte, buchte ich kurzerhand eine Rehbock-Jagdreise in ein Revier in Ermland/ Masuren zwischen Osterode und Allenstein.

Meine Wiege stand einst in Ostpreußen, doch an Masuren kann ich mich kaum erinnern, da sich meine ersten Lebensjahre in Königsberg abspielten. Mit fünf Jahren wurde ich, da mein Bruder an Scharlach erkrankt war und daheim in Quarantäne bleiben musste, für ein paar Monate zu meinen Tanten in Osterode ausquartiert.

Von Osterode wussten meine Eltern eine nette Episode zu erzählen.

Wien war für die Ostpreußen eine besondere Attraktion. Einer, der von einer Reise in die Kaiser- und Weltstadt zurückkam, wurde bestaunt und ausgefragt. Etwa so:

„War's schön in Wien, und wie war denn Wien?"

Tja, wie soll ich's erklären? Kennst du Osterode?"

„Ja."

„Na, dann werd' ich dir sagen: gegen Wien ist Osterode ein Schiet!"

An jene Zeit in Ostpreußen habe ich nur verschwommene Erinnerungen. Lebhaft erinnere ich mich nur an den Kutscher meiner Tanten, der ein echtes Original war und gemäß einem Sprichwort die masurische Trikolore im Gesicht zeigte: Die Augen blau vom Raufen, die Nase rot vom Saufen, die Haare weiß vom Huren – das sind die Farben der Masuren.

Mit diesem Kutscher machten wir herrliche Ausfahrten durch die unendlichen Wälder. Immer wenn seine Rosse frisch antrabten, ließen sie krachend ihre Gase ab. Selig lächelnd, seine ebenfalls gelben Pferdezähne zeigend, drehte der Masure sich dann um: „Die Färrde furrzen!" Die deftige, daheim verpönte Sprache bereitete mir diebische Freude.

Mit einer Horde von teils viel größeren Buben aus der Nachbarschaft durchstromerte ich die Seenlandschaft inmitten von unendlichen, sandigen Kiefernwäldern. Vor meinem geistigen Auge sehe ich noch heute die schilfrohrumsäumten Gewässer und rieche den harzigen Duft der in flirrender Sommerhitze am Wegrand lagernden Kiefernstämme. Endlich den elterlichen Argusaugen entkommen, konnte ich allen möglichen, bisher verbotenen Unsinn anstellen. Dazu hatte ich als Neuling in der Bubenbande zahlreiche Einführungsriten und Mutproben zu bestehen. Unter anderem musste ich beweisen, dass es mir nicht grauste, an Schnecken und Kröten zu lecken sowie Regenwürmer abzulutschen. Der Schneckenschleim klebte ekelhaft lang an der Zunge und die Kröten schmeckten stechend scharf und gallebitter. Das nur nebenbei, bevor jemand den Test wiederholen möchte. In die Meute wurde ich aber erst als Gleichwertiger aufgenommen, als ich für ein Preisgeld von 10 Pfennig eine lebende Elritze verspeiste. Noch heute erinnere ich mich an den bitteren Geschmack des fingerlangen bunten Fischleins. Alle Nachahmer seien gewarnt: Nicht kauen – einfach nur runterschlucken!

Für diese Jagdreise setzte ich jedoch voraus, dass mir ähnliche Mutproben erspart bleiben würden.

Meine Reiselust in neue Jagdgründe wirkte ansteckend auf zwei meiner Jagdfreunde. Peter, der bewährte Gefährte frühester Jugend, man könnte fast sagen, aus der jagdlichen Krabbelgruppe, war der eine. Der andere, Horst, machte einst seine ersten jägerischen Erfahrungen als Treiber in meinem Niederwildrevier. In späteren Jahren waren wir teilhabende Partner in dem in meinen Büchern viel besungenen Hochgebirgsrevier in den Oberstdorfer Bergen. Dass diese Jagdgemeinschaft – zudem teilten wir uns die Wohnung im Jagdhaus – in bester Harmonie über Jahre gehalten hat, das sagt wohl alles über einen seltenen Gleichklang.

Die Reisevorbereitungen für Ende Mai sind für mich wie immer ein Akt der Vorfreude. Weniger für meine Schweißhündin Raika. Sie weiß nie so recht, wenn ich bedachtsam so nach und nach die Reisetasche bestücke, ob sie auch mit dabei sein werde. Zur Sicherheit legt sie sich rechtzeitig in den halb gepackten Koffer, damit ich sie ja nicht vergesse. Bei den Jagdklamotten ist es kein arges Problem, wenn sie verdrückt und zusammengehockt werden. Unangenehm wird es nur, wenn eine Geschäftsreise ansteht, zu der feine Hemden und Krawatten sorgsam eingepackt wurden. Diesmal musste ich ihr eine bittere Enttäuschung bereiten. Sie konnte nicht mit. Ein unbekannter Aufenthaltsort, eine Reise im fremden Auto, das mit drei Personen und dem Gepäck für 8 Tage total voll gepackt war. Wir sollten den Verzicht auf ihre Mitreise noch bitter beklagen.

Die Fahrt zum Reiseziel, das zwischen Osterode und Allenstein liegt, hatte das Navy mit dreizehneinhalb Stunden berechnet. Ursprünglich hatten wir geplant, alle zwei Stunden einen Fahrerwechsel vorzunehmen. Doch Freund Peter, als alter Langstreckenfahrer – er fährt alle 10 Tage von München in sein Revier im Burgenland und retour – meisterte die Distanz von 1.211 km in 13 Stunden ganz allein, wobei wir bei Frankfurt/ Oder noch fast eine Stunde bei Gluthitze im Stau stehen mussten. Den weiteren Weg leitete uns das Navy brav bis zu einem Ort in der Nähe unseres Ziels. Per Handy nahm ich Kontakt zum dortigen Jagdleiter auf, der uns einen Wegweiser entgegenschickte.

An einem Kreisverkehr winkte uns ein Motorradfahrer zu. Ein Mann Anfang der Dreißig mit dem freundlichen, runden Gesicht eines barocken Posaunenengels. Lachend streckte er mir die Hand durchs Fenster entgegen: „Ich bin Raffael, bitte mir nachfolgen!" Der Name passte zu diesem Erzengel. Vorausknatternd, führte er uns, zum Schluss über Sandwege, zu einer kleinen, neu gebauten Pension am Ufer eines der dreieinhalbtausend Seen von Ermland-Masuren. Alles war frisch und sauber. Ein reichhaltiges Abendessen mit gebratenen Maränen (Felchen) wurde uns von zwei Frauen, den guten Geistern des Hauses, auf der Terrasse mit Seeblick aufgetischt. Als hätten sie nur darauf gewartet, stürzten sich ohne großes Vorspiel hungrige Magnum-Schnaken auf unser frisches bayrisches Blut.

Nach und nach kamen die Pirschführer, die uns die nächsten Tage betreuen würden, herbei. Raffael war eingeteilt für „Herr Gerd". Er sprach ausgezeichnetes Deutsch. Ich freute mich auf die Pirschen mit dem jungen Förster. Unsere beiden weiteren Mitjäger aus München sollten erst anderntags eintreffen. Es war nach all dem schon recht später Abend geworden; reisemüd' trennten wir uns für ein paar Stunden Schlaf. Um vier Uhr Abfahrt ins Revier. Das bedeutet Aufstehen um drei Uhr dreißig. Als Copilot der Reisestrecke fiel mir das Amt des Weckers vom Dienst zu.

Noch nie, trotz einem langen Jägerleben, hatte ich eine Jagdreise auf Rehböcke mit einer Gruppe gemacht. Immer bin ich entweder in eigenen Revieren oder nur mit dem Gastgeber, meist von ihm nur eingewiesen, allein auf die Pirsch gegangen. Und nie war ich auf einer kommerziell ausgerichteten Rehbockjagd dabei gewesen. Nun war ich gespannt, wie ich damit zurechtkommen würde.

Die Eindrücke des Jagens sind stets subjektiv, jeder erlebt sein Jagen anders als der Andere. Darum werde ich für die folgenden Tage das Tagebuch für meine Erlebnisse sprechen lassen.

Sonntag, 22. Mai

Wie immer auf der Jagd brauche ich keinen Wecker. Der Morgen schaut farblos und noch grau zum Fenster herein. Man könnte eigentlich bei diesem Licht schon sitzen. Den Freunden an die Tür gebumpert, schon sind sie wach. Schnell springe ich unter die Dusche. Das Wasser ist eiskalt – gut zum Wachwerden. Frühstück gibt's später beim Heimkommen. Die Pirschführer sind mit ihren Autos pünktlich vorgefahren. Ein kurzes Winken: „Weidmannsheil und guten Anblick!" Dann rollen die drei Gespanne von dannen.

Gummipirsch – wie ich das hasse. Aber Raffael will mir ein wenig vom 17.000 ha großen Revier zeigen. Die Landschaft wechselt von leichtem Hügelland mit Kiefernwäldern zu weiten Wiesenflächen mit vereinzelt stehenden Weidenbüschen. Immer wieder Ausblick auf einen romantischen See. Wir sehen viele Rehe, so viele, wie ich daheim seit Jahren insgesamt nicht gesehen habe. Keines hält jedoch das Auto aus, alle flüchten schon auf 3- bis 400 m. Was das bedeutet, lässt mich nichts Gutes ahnen. Mitten auf einer großen Wiese entdecken wir einen guten Bock. Er ist noch ziemlich grau. Die Winter hier sind streng und lang. Besonders die zwei letzten waren so schneereich, dass nicht einmal mit dem Traktor ein Durchkommen war. Näher an den Bock heranzukommen, ist unmöglich. Keine Deckung zum Anpirschen.

Raffael rät: „Probieren! Ist Kapitaler."

Er versteht sofort, als ich ihm klarmache, dass es bei mir ein Probieren auf lebendes Wild nicht gibt. Weitere zwei Stunden geht es kreuz und quer durch Feld und Wald. Mein Erzengel fährt ohne Rücksicht auf Verluste durch schnittreife Wiesen. Das Gras steht hoch, reicht bis zum Fenster. Meine Seitenscheibe lässt sich nicht ganz schließen. So strömen Wolken von Gräserpollen herein. Die Augen tränen und jucken wie verrückt. Kommt ein kleiner Graben – hoppla – mit Anlauf wird drübergefahren. Überall stelzen Störche durch die nassen Wiesen. Kraniche stehen in der Ferne. Meine Frage, ob wir nicht einmal aussteigen könnten, um uns im Wald oder an den Waldrändern ein wenig umzuschauen, setzt er, erst ein wenig widerwillig, in die Tat um. Wir pirschen vorsichtig durch den Föhrenwald auf ein Wiesental zu. Das Glas zeigt auf der gegenüberliegenden Seite Bock und Geiß. Beide noch ziemlich grau. Der Bock, es sind bis dorthin etwa 350 m, hat ein unregelmäßiges Gehörn, ein Ende ragt weit nach hinten hinaus. Der interessiert mich. Von hier aus ist's zu weit. Raffael hat eine Idee, wie wir an ihn herankommen können.

„Fahren zu andere Seite!"

Wir umrunden das Waldstück, stellen das Auto endlich wieder ab und schleichen geduckt auf sandigem Weg zum Saum des Kiefernwaldes. Drunten im Wiesengrund, keine 100 m entfernt, stehen die beiden Rehe. Der Bock hat uns schon entdeckt. Schnell lege ich auf einem alten Weidezaunpfahl auf, den Hut drunter geschoben und der Schuss wirft den Abnormen ins hohe Gras. Eine ganze Weile müssen wir warten, bis die Geiß, der das Ganze nicht mehr geheuer ist, fortgezogen ist. Dann ist die Freude grenzenlos. Ein reifer Bock, dazu auch noch abnorm. Die Stangen sind nicht hoch, rau geperlt und ab der Mitte kippen sie nach hinten. Die rechte Stange ist fast wie bei einem Gamsbock gehakelt. Nach dem Aufbrechen können wir ihn an seinem Krickerl zum Ausschweißen an einem Ast aufhängen. Total glücklich, kann ich mich von seinem Anblick kaum trennen. Solch ein Bock ist die Erfüllung all meiner stillen Wünsche.

Jetzt, endlich dem Auto entfleucht, umfängt mich ein zauberhafter, von Vogelstimmen durchjubelter Morgen. Überall flöten Pirole ihren Namen: „vogelvonbülo". Jenseits des Waldes trompeten Kraniche ihr Willkomm, wenn einer ihrer Schar mit Futter für die Jungen unter ihnen landet. Ununterbrochen rufend, verspricht mir der Kuckuck hundert weitere Jahre.

Hört man dem Pirol zu, so ruft er tatsächlich: „Vogel von Bülow". Mein jägerischer Lehrprinz, Dietrich Graf von Bülow-Dennewitz, erzählte mir, dass die 14 goldenen Kugeln in seinem Wappen einem Pirol zu verdanken seien. Ein Ahn hätte eines

Tages einen goldgelben Vogel auf einem Hügel sitzen gesehen. Dabei rief er immer seinen Namen. Als der Ahnherr im Hügel nachgrub, fand er jene 14 goldenen Kugeln. Sie waren es wert, ins Wappen aufgenommen zu werden.

Nach einer beschaulichen Halbstunde mit meinem ersten Ostpreußenbock geht die Fahrt durch das riesige Jagdgebiet weiter. Fahren, aussteigen, schauen, weiterfahren. Immer wieder tauchen verdächtig oft „Kapitale" auf. Wenn ich mit meinem Glas schaue, dann schrumpfen sie schnell zu jungen Normal-Sechsern zusammen. Ich gebe mein Glas an Raffael ab. Nun werden die Böcke auch bei ihm kleiner. Mir bleibt zur Kontrolle mein Spektiv, denn der Gute will ab jetzt nicht mehr sein eigenes, asiatisches „Nebel-Glas" hernehmen. In halsbrecherischem Karacho geht die Fahrt über Haupt- und Nebenstraßen. Verzweifelt versuche ich mich anzuschnallen. Unmöglich, der Gurt ist unter allerlei Verhau heillos verknotet und lässt sich nicht herausziehen. Es bleibt mir nur ein Stoßgebet zu allen meinen guten Geistern, dass wir nicht mit den anderen Kamikaze-Fahrern, die hier über die Straßen rasen, zusammenkrachen. Ernsthaft muss ich meinen Rennfahrer ermahnen, ich hätte daheim Hunde, Frau und Kinder. (Man beachte die Reihenfolge!)

Die zauberhafte Landschaft wird überall – was auch meinen Führer traurig und zornig werden lässt – wild zersiedelt und verhunzt. Wir kennen das leider ebenfalls zur Genüge aus dem eigenen Land. Dann folgen wieder Abschnitte, wo man verweilen und nur schauen, schauen, schauen möchte.

Bei unserer Ankunft vor der Pension zieht Leszek, der Besitzer, am Fahnenmast neben der polnischen die deutsche Fahne auf. Das sei hier der Brauch, wenn der erste deutsche Gast einen Bock erlegt hat. Die Freude von Freund Peter über meinen Abnormen ist groß, doch schaut er bedrückt drein. Einen Bock hat er gefehlt, einen anderen mit Laufschuss angeschweißt. Ich kenne ihn nur als absolut sicheren Schützen, was ist da los?

Horst kommt ebenfalls mit hängendem Kopf zurück. Wenn der Teufel schon mal Junge hat – auch er hat einen Laufschuss produziert. Beide machen nach dem Frühstück Kontrollschüsse. Sie sitzen so, wie es sein soll.

Die Pirschführer zucken mit der Achsel.

„Kann man nix machen! Schießen andere Bock."

Ein ernstes Wort mit Raffael, der als einziger perfekt versteht, was wir wollen, ist überfällig.

„Chund nix hier. Muss telefonieren mit Kollega!"

Am späten Nachmittag rückt die „Nachsuchen"-Korona aus. „Kollega" hat zwei Jagdterrier mitgebracht. Endlich dem Auto entstiegen, toben sie fröhlich ausgelassen herum und lösen sich erst einmal kräftig. Anschuss anschauen – Fehlanzeige. Etwa da, wo der Bock hin geflüchtet ist, entschwinden die beiden Schwarzen und bringen mit „jiff, jiff" einen Überläufer in Gang. Ausgepumpt kommen sie nach einiger Zeit zurück. Ende der Nachsuche. Hätte ich nur meine Raika dabei! Hätte, ja hätte – wenn meine Schwiegermutter Räder hätte!

„Morgen kucken, ob Bock wieder kommen!"

Zur Abendpirsch sind nun auch unsere zwei anderen Mitjäger eingetroffen. Raffael fragt vorsichtig, ob er mich allein auf eine Kanzel ansetzen dürfe. Er muss den morgens versäumten Kirchgang nachholen. Einen größeren Gefallen kann er mir gar nicht tun. Einen verschwiegenen Platz weiß er, wo er kürzlich einen Kapitalen gesehen hat.

Auf einem kleinen Hügel blicke ich von meinem Ausguck in ein längliches Waldtal. Hier riecht's nach guten Böcken. Kiefern und Fichten mit dichtem Unterwuchs. Schilf, Brennnesseln, Himbeersträucher. Weiter hinten, wo die Wiesenenge einen Bogen macht, eine Pferdekoppel. Herrliche Vollblüter schreiten schweifwedelnd dahin. Neben der Kanzel stehen, rauschend im Abendwind, hohe Birken. Ihre Stämme sind so weiß, so blendend weiß, wie sie es sicher auch einst bei uns waren.

Endlich bin ich allein. Was habe ich mir eigentlich unter solch einer Reise vorgestellt? Die freundlichen Menschen hier empfangen fremde Jäger, um sie gegen Entgelt zu Schuss zu bringen. Darin liegt nichts Verwerfliches. Dass sie alles daran setzen, um den Gast zum Erfolg zu führen – ebenso. Es liegt an den Gästen, wenn sie alles mitmachen, es liegt an ihnen, wenn die freundlichen Gastgeber vermuten, so, und nur so will es der Jagdgast haben. Die Hektik, die hier an den Tag gelegt wird, das Umherrasen, die ständige Aufforderung „Schießen, schießen, bittä ist Kapitaler!" ist offenbar von den Gastjägern gewünscht und geschätzt, sonst würde man hier auch andere Jagdmethoden pflegen. Es hat mit Jagen nichts gemein, wenn man nur im Auto wie ein Erschießungskommando umherfährt, um dann vielleicht auch noch aus dem Fenster heraus das Feuer zu eröffnen. Raffael hat auf meine Einwände schnell begriffen, dass ich nicht Schießen will, sondern JAGEN. Im Nachhinein muss ich feststellen, dass ich noch nie einen solchen Jagdführer erlebt habe, der seinen Gast um jeden Preis zu Schuss bringen will. Und Augen hat er wie ein Luchs, nichts entgeht ihm.

Mit beschaulichem Jagen, so wie ich es liebe, hatte das bisher noch nichts zu tun. Langsam weicht, da ich endlich zur Ruhe komme, der Unmut der Unrast von mir. So wie man ein verknittertes Papier glatt streicht, so hebt sich meine Laune, strecken sich meine Nerven. In der Ferne die Geräusche eines Dorfes. Die Arien der Drosseln entschweben in den Abend. Und dann, lang ersehnt, die Sprosser. Die Nachtigallen des Nordens. Es klingt kitschig, aber sie schluchzen. Dann ruft wieder mein Lebensverlängerer Kuckuck mit dem Versprechen unzähliger Jahre.

Es ist noch heller Tag, da tritt aus dem linken Waldsaum ein Bock aus. Bastspießer, ein Jährling. Gemächlich äst er sich an der Kanzel vorbei zum gegenüber liegenden Wald. Kurz darauf schlupft aus dem gleichen Loch im Unterwuchs ein Knopfer. Mit dem Spektiv sehe ich spitz von vorn die winzigen Knöpferl. Als er das Haupt dreht, erkenne ich, dass die Knöpfe der Beginn zweier nach hinten über das Häuptl gelegter Stangen sind. Wie nach rückwärts gekämmte Haare. Sie enden im Genick des Jährlings mit nach oben gedrehten Enden. Den muss ich haben! Welch interessantes Gwichtl. Jetzt zieht er auf den Bastspießer zu. Zum Schuss muss ich mich auf den Kanzelboden knien, um an der Einstiegsöffnung anstreichen zu können. In diesem Augenblick jagen sich die beiden Jünglinge. Fort geht die wilde Jagd über die Wiese und hinein in den Wald. Warten, dass der Abnorme wiederkehrt!

In der Ferne zieht ein Gewitter auf. Ganz wie ich es im Langzeitwetterbericht auch gesehen habe. Hoffentlich kommt es nicht her. Doch immer näher wuchten die Donnerschläge, schon fegen erste Böen über die Wipfel. Was soll ich jetzt tun, wenn das Gewitter mich, meine Kanzel erreicht? Kein Auto abgestellt, kein Dach in der Nähe. Ich müsste herunter vom Hochstand, droben ist's zu gefährlich. Jetzt zähle ich die Sekunden von Blitz zu Donner. Wenn es nur noch drei Sekunden sind, muss ich mich auf die Flucht begeben. Nur wohin? Erst kürzlich hätte mich der Blitz auf einem Hochstand getroffen, wäre ich nicht rechtzeitig geflohen. Die zersplitterten Trümmer der Kanzel und die Reste des Baums fand ich anderntags. Das habe ich nun von meiner Einsamkeitsliebe.

Bevor die Regen- und Wetterfront meine Wiese erreicht, zieht mit Grollen, flammendem Feuer und Blitzhusch das Unheil im Süden vorbei. Bald ist es wieder windstill. Die Farben des Tages werden stumpf. Im letzten Büchsenlicht tritt ein Stuck und kurz hinter ihm das wenige Tage alte Kalb aus dem Waldsaum. Gleich darauf ein Schmalstuck und dann noch eins. Sie nähern sich vorsichtig der Alten. War sie es, mit der sie ein Jahr beieinander waren? Aber die will jetzt nichts mehr von ihnen wissen. Ein kurzer Ausfall und sie ziehen sich enttäuscht zurück. Mein „Krummer" kommt nicht mehr. Schläfrig steht der Wald in der Dämmerung, und bald ist es sackdunkel. Der wieder klar gewordene Himmel ist übersät mit einer Million harter Sterne.

Gerade als ich zusammenpacke, schnurrt mein frommer Engel Raffael heran. Die Überlegung, was wäre, wenn er mich vergessen hätte, drängt sich auf. Aber – ein Engel und mich vergessen – absurd.

Montag, 23. Mai

Nachts erreicht uns die Regenfront, die mir bereits daheim vom Internet-Wetterdienst vorhergesagt worden ist. Ergiebige Schauer prasseln auf meine Fenster. Fröstelnd stehen wir in der Morgendämmerung vorm Haus und werden nacheinander von unseren Jagdführern abgeholt. Heut Morgen steht mir der Sinn nicht nach einer Unterwasserpirsch. Gerne lasse ich mich durch die vom Regen verschleierte Landschaft kutschieren. Raffael ist heute auch ein langsamerer Fahrer, ich hatte ihn gestern auch an seine zwei kleinen Söhne erinnert, die ihn nicht gerne auf der Rennstrecke verlieren wollen. Am Vortag hatte er sie dabei, als er die Böcke der Freunde zur Wildkammer bringen sollte. Alle beide sind ein Abbild ihres Vaters. Rundköpfig, mit roten Pausbacken, wie kleine Barockengel. Ein herrliches Trio.

Zu den Güssen von oben frischt nun auch noch Sturm auf. Wir bekommen nur zwei Kitzgeißen in Anblick, das gestern noch wildreiche Revier wirkt wie ausgestorben. Da ist es das Beste, man frühstückt ausgiebig, macht ein Nachschläfchen und – wie wär's mit einem Mittagsansitz?

Raffael setzt mich in einer weiten Wiesenlandschaft auf einer Kanzel ab. Er ist zufrieden, dass ich allein sein will, und ich bin es ebenso. Das Unwetter hat sich programmgemäß verzogen. Noch bläst ein unangenehmer, kalter Wind, der die restlichen Wolken vom Himmel fegt.

Weit wandert mein Blick über die Wiesen. Überall verstreut Gruppen von Weidenbüschen. Gestern sahen wir hier in der Gegend den vermeintlichen Kapitalen, auf den ich den „Probeschuss" auf 350 m verweigert hatte. In den Büschen singen und jubilieren Sprosser, Kuckucke, Pirole, Rohrsänger, Grasmücken, sogar der seltene Wachtelkönig lässt seinen schnarrenden Ruf ertönen. Hin und wieder schwebt ein riesiger Vogel heran und schreitet, nach Futter suchend, an den schmalen Gräben entlang. Kraniche, Störche. Allein für diesen Anblick hätte sich die Reise gelohnt. Zwischen den Buschgruppen geht's rot auf.

Ein Jährling, noch im Bast, doch schon ein ordentlicher Sechser. Aus dem kann noch was werden. Ein Schmalreh zeigt sich, in der Ferne auf einer Anhöhe ein geringer Bock, dazu eine Geiß.

Kraniche haben mich schon in frühester Kindheit angezogen. Hatte ich doch gehört, dass sie miteinander tanzen würden. Als einmal gesprächsweise erwähnt wurde, dass bei meiner Tante im Revier Kraniche seien, ließ ich meinen Eltern keine Ruhe, bis ich dort ein Wochenende verbringen durfte. Mein Cousin, der damals etwa 14 Jahre alt war, setzte mich eines frühen Morgens vorn auf die Fahrradstange und fuhr mit mir fünfjährigem Knirps ins Moorbruch. Und ich sehe es noch wie heute vor meinem geistigen Auge, da tanzte wahrhaftig auf einer einsamen Waldwiese ein Kranichpaar. Flügel schlagend, die langen Hälse schlängelnd erhoben, umschritten sie sich in gemessenem Takt. War es wirklich so, oder gaukelte es mir nur die kindliche Fantasie in der Erinnerung vor?

Als Raffael mich am Nachmittag abholt, war er nicht untätig geblieben. An einer Waldecke hatte er einen alten und starken Bock ausgemacht. Dem wollten wir uns am Abend widmen.

Weit entfernt vom Ansitzplatz müssen wir die Blechkutsche abstellen. Hier sind zu viele, zu breite Gräben, da muss mein schwergewichtiger Förster halt ein wenig laufen. Wir streben einer Birke zu, die von Weidenbüschen umgeben, einen Kugel-schuss weit vor dem Waldrand steht. Unter dem Baum angelangt, kann ich meinen Augen kaum trauen. Der Hochsitz daran ist nur eine Ruine. Die Leitersprossen sind teilweise schon recht vergammelt, ein, zwei davon fehlen und werden ersetzt durch beherzte Klimmzüge. Das Sitzbrett ist schmal und bietet gerade mal einer Person Platz. An und für sich bin ich ein risikofreudiger Mensch, aber diesmal lasse ich gerne den „Dicken" voraus klettern. Das morsche Gestänge ächzt und knarzt, doch, o Wunder, schnaufend kommt er wohlbehalten oben an. Dort hocken mit dem 140-Kilo-Raffael von halb sieben bis um halb zehn? Na Servus! Für eine Sitzbacke finde ich einigermaßen Platz. Als schmaler Hering schlinge ich meine Füße um einen Seitenast des

Baums, damit ich einigermaßen sicher bin, falls das wackelige Gestänge zusammenkracht. Vier Meter im freien Fall müssten zu überstehen sein. Sorge macht mir nur die Büchse, zumal sie dann schon geladen sein wird.

„Diese Hochstand lasse ich absichtlich so, dass nicht Kollega hergehen und meine Bock schießen!"

Raffael arbeitet mit allen Tricks. Umdrehen kann ich mich nicht, ohne das Gleichgewicht zu verlieren. Er bekommt dafür mein Glas, denn mit der anderen Hand muss ich meine Büchse für den Ernstfall vor dem Absturz bewahren.

So sitzen wir schon eine halbe Stunde. Mein Hinterteil ist bereits eingeschlafen, ein Bein fühlt sich auch schon taub an. Da schreckt vor uns in der Kiefernschonung ein Reh. Und plötzlich sehe ich am Saum des Jungwalds einen Bock im Troll spitz auf uns zu ziehen. Mit einem sanften Rippenstoß weise ich meinen Beisitzer darauf hin. Er blickt durch mein Glas:

„Das ist „der Majestät"! Schießen bittä!"

Die Büchse habe ich bereits im Anschlag, sehe ein hohes, helles Gehörn. Schnell kommt „der Majestät" näher.

„Schießen auf Stich!"

Ich tue das höchst ungern, aber hier geht's nun nicht mehr anders. Im Knall wirft's den Bock einfach um. Ich weiß nicht, worüber ich mich im Augenblick mehr freuen soll, über den glattstangigen Wiesenbock oder dass ich endlich von diesem Martersitz herunter kann. Doch als ich an den Erlegten herantrete, überwiegt die Freude an dem Bock mit seinem glatten, dünnen, gut 24 cm hohen Sechsergehörn.

Raffael telefoniert sofort zum Jagdleiter, meldet die Erlegung. Dessen Kommentar: „Weiter so!" Übrigens ist mein Begleiter ein passionierter Dauertelefonierer. Was wäre er ohne Handy? Allerdings muss er noch zusätzlich seine Waldarbeiter auf Trab halten, seiner Frau Anweisungen für Einkäufe für unsere Verpflegung geben – und überhaupt, man muss schließlich wissen, was in der Welt vorgeht, während man von allem abgeschnitten im Wald und auf der Heide weilt.

Die Freunde sind derweil auch erfolgreich gewesen, so wird es ein entspannter Vormittag, wenn da nicht das bohrende Mitgefühl mit den zwei angeschweißten Böcken wäre. Für den Abend wünsche ich mir, wieder auf meinen „Krummen" mit den rückwärts gelegten Stangen anzusitzen. Mein Erzengel setzt mich wieder bei der Kanzel ab, er ist voller Vertrauen, dass ich keinen Blödsinn anstellen werde.

Wegen eines Gewitters brauche ich mich heute nicht zu sorgen, es herrscht ein stabiles Frühsommer-Hoch. Nicht lange sitze ich, da besucht mich wieder der Bastspießer. Ganz in der Nähe der Kanzel tut er sich zum Wiederkäuen nieder. Doch ständig äugt er zu mir hinauf, sodass ich mich kaum zu rühren traue. Wenn der jetzt zu schrecken anfinge, und das tun diese Jünglinge gern ausgiebig, dann könnte ich die nächste Zeit ein Nickerchen machen. Dann würde sich vorerst nichts rühren.

Doch das Nickerchen macht der da drunten erst einmal. Nach einer halben Stunde wird er hoch und zieht äsend fort. In diesem Augenblick taucht vom Waldrand her ein starker Bock auf. Ist das der angekündigte Kapitale? Mit dem Spektiv kann ich ihn genau betrachten. Gut vier Finger über die Luser hat er auf. Geperlt bis weit hinauf und beachtlich breite Rosen. Ein Pracht-Gehörn. Und total brandrot verfärbt ist er obendrein. Nur – älter als drei Jahre ist er keinesfalls. So kann ich mich an dem Anblick ohne Hintergedanken in aller Ruhe erfreuen. Als der Spießer den Starken entdeckt, zieht er mit anfragendem Fiepen auf ihn zu. Vermenschlicht könnte man sagen: „Tu mir nix, ich will auch ganz brav sein!"

Doch da kommt er an den Falschen. Wie ein Unwetter prescht der Platzbock auf ihn zu. Die wilde Hatz geht auf die Pferdekoppel, wo sie in der Ferne entschwinden. Nach einer Dreiviertelstunde kehrt der Sieger zurück. Doch mein „Krummer" lässt sich bis zum letzten Büchsenlicht nicht blicken. Kein Wunder, sicher hat auch er hier schon schlechte Erfahrungen gemacht.

Dienstag, 24. Mai

Der Morgen zeigt sich im Nebelrauch. Die Senken in den Wiesen wirken wie weiße Seen. Wir fahren zu einem entfernten Waldort, kreuzen ein buschiges Wiesental, da bremst Raffael unvermittelt. Wie ein Schemen ahne ich im Morgennebel eine massige Rehgestalt. Raffael hat mein Glas, ich kann nicht erkennen, was dort verhofft.

„Alte Bock, steig aus!" raunt er mir zu.

Ich rutsche seitlich aus der Tür, das Auto fährt weiter. Ein Blick durchs Zielfernrohr zeigt ein Trumm Bock, hoch hat er auf, Figur wie ein Stier. Das genügt. Der ist wirklich reif und alt. Nur habe ich noch nicht geladen. Zum Glück äugt der Alte, der ein wenig erhöht auf einer Bodenwelle steht, dem davonfahrenden Auto nach, sodass er nichts von mir bemerkt. Auf dem Knie aufgestützt, schieße ich ihm im Sitzen die Kugel aufs Blatt. Im Knall ist er im hohen Bewuchs verschwunden. Zum Jagdfieber hatte ich gar keine Zeit. Jetzt setzt der Schlag des Herzens umso heftiger ein. Wie schnell das gegangen ist!

Als ich zum Erlegten hintrete, liegt er auf die Seite geworfen, erloschen da. Ein mächtiger Wildkörper. Noch kein rotes Haar, eselsgrau ist er. Das Gwichtl ist ganz ähnlich wie bei „Majestät", nur stärker, dafür nicht gar so hoch. Aber alt, sehr alt ist er. Ich kann mich nicht zurückhalten, der Griff in den Äser erfühlt ein total glatt geschliffenes Gebiss. Glücklich setze ich mich zu ihm ins taukalte Gras, bis mein Raffael mit der Benzinkutsche herbeigeschnurrt ist.

Nun lasse ich es mir gefallen, dass wir spazieren fahren. Durch stille Dörfer mit fremden Namen geht's. Auf meiner Karte, die auch die früheren Ortsnamen verzeichnet hat, lese ich die zauberhaften Bezeichnungen, die aus einer exotischen, versunkenen Märchenwelt zu stammen scheinen: Warkallen, Woritten, Nagladden, Rentienen, Podleiken. Schon die Nazis hatten, als hier noch Deutschland war, die uralten Namen, teilweise pruzzisch-slawischen Ursprungs, verstümmelt. Da

wurde beispielsweise aus „Schittkehmen" ein „Wehrkirchen".
Ein ethnisch-geographischer Kastrationsprozess. Polen hat ihn
nun endgültig vollzogen. Man kennt das ähnlich aus Südtirol. Nur
sind die Ortsschilder dort zweisprachig gehalten. In den alten
Dörfern stehen noch die ehrwürdigen gotischen Backsteinkirchen,
teilweise aus der Zeit des Deutschherren Ordens. Raffael zeigt
mir auch die Basilika in Dietrichswalde. Es ist der einzige
Wallfahrtsort Polens, der eine Marienerscheinung vorweisen
kann. Es ist gerade Messe, so kann ich nicht die berühmte Marien-
darstellung am Altar bewundern. Sie soll die schönste auf ehemals
gesamtdeutschem Boden sein.

Raffael will mich unbedingt nochmals zu Schuss bringen, das
Eisen schmieden, so lange es heiß ist. Diesen Spruch kennt er.
Sein klappriger Vitara mahlt sich durch einen von Rückefahrzeugen
wie von Panzern zerwühlten, sandigen Waldweg. Hier würde ein
sehr, sehr guter Bock stehen, der aber kaum zu bekommen sei,
da er sofort abspringt. Und tatsächlich, als wir uns da durchquälen,
steht er schon im Unterholz und sichert zu uns her.

„Steig aus, ich fahre weiter!"

Wir haben das ja gerade erst geübt. Ich lasse mich aus dem
fahrenden Wagen gleiten, lade, und schon habe ich den starken
Bock im Zielfernrohr, der dem Fahrzeug nachäugt. Genau wie
vor einer Stunde der Alte. Aber dieser Bock ist kein Alter. Der
Schuss wäre leicht, im Sitzen auf den Stich. Doch dieses Gwichtl
würde mir keine Freude machen. Immer müsste ich später daran
denken, dass ich bewusst einen zu jungen Bock gemeuchelt hätte.
Raffael ist enttäuscht, versucht aber, es nicht zu zeigen.

Im Heimfahren ruft Raffaels Vater an. Er ist pensionierter
Oberförster und kümmert sich auch ums Revier. An der Grenze
des Riesengebiets, kurz vor Allenstein, hat er einen Kapitalen
ausgemacht. Dem soll es heut Abend gelten.

Allenstein, einst in etwa die Grenze von Ermland zu Masuren,
ist die heutige Metropole der Region. Bei meinen Eltern kursierte
der spöttische Vers: Allenstein, an der Grenze der Kultur, wo sich

Mensch wird zu Masur." Nun, vielleicht wird „sich" hier auch Kapitaler wirklich zu Kapitalem?

Vor unserer Pension liegt auf dem Rasen eine ansehnliche Strecke. Die Freunde haben alle Erfolg gehabt. Raffael und Hartmut verblasen zweistimmig die Erlegten. Dann versucht Raffaels pausbackiger Ältester, er ist dreieinhalb, ebenfalls zu blasen. Ein Bild wie aus dem Deckenfresko einer Barockkirche. Es fehlen ihm nur die Posaune anstatt des Plesshorns und die Engelsflügel.

Unsere abendliche Fahrt geht weit bis zum östlichen Rand des großen Jagdbezirks, bis kurz vor die inzwischen große Stadt Allenstein. 1944 lebten dort 45.000 Einwohner, heute sind es 175.000. Die Folgen der Massierung sind fortschreitende Zersiedelung und zunehmender Verkehr, selbst in den abgelegenen Dörfern.

Unser angekündigter Bock soll jedoch in einem stillen Tal seinen Einstand haben, wo wir uns noch der Illusion hingeben können, in der Einsamkeit zu jagen. Endlich muss auch Raffael seine Beine bewegen, um dorthin zu pirschen, wir können zum Glück nicht überall hinfahren.

Von einer kleinen Anhöhe, gedeckt von breitastigen Kiefern, schaue ich in ein für diese Gegend typisches Wiesental. Rechts und links steigen die Hügel an, begrenzen ein mit vielen Weidenbuschinseln bestocktes, etwa 200 m breites Tal. Es wirkt wie ein eiszeitliches Flussbett, was es sicher auch einmal war. Überall künden Granit-Findlingsblöcke von Gletschern, von denen sie einst hergeschoben wurden. Hinter einem Doppelstamm, einem Zwiesel einer Föhre, lasse ich mich nieder. Mein Glas gebe ich heute nicht her, dafür bekommt mein Begleiter das Spektiv. Eine beeindruckende Plätzstelle hat der Bock gleich hier am Waldrand hinterlassen. Fast als hätten Sauen gebrochen. Der hat's wohl nötig! Außer einer noch grauen Geiß zeigt sich nichts. Die Dämmerung umhüllt bereits Baum und Strauch, eigentlich möchte ich schon zusammenpacken, da schreckt am Waldrand gegenüber ein Reh. Und dann zieht es schon hervor aus den

Weiden. Das Glas weist mir einen schon roten Bock, ich sehe nur weiße, nicht allzu hohe Stangen. Nach der Figur kann es kein alter Bock sein. Raffael, der das Spektiv ohne Auflage, frei am Auge hält, meint, es sei der Kapitale. Ich kann das Wort schon nicht mehr hören. Bis wir noch zu Ende diskutieren, ist der Rote da drüben verschwunden. Es wäre auch schon zu finster und zudem auch zu weit gewesen. Wir vertagen den Ansitz auf den nächsten Morgen.

Mittwoch, 25. Mai

Wolkenlos wölbt sich der blasse Himmel über uns, als wir im ersten kaltblauen Dämmern auf leisen Sohlen zu unserem Platz pirschen. Steif weht der kühle Wind vom Tal herauf. Die Weidenbüsche kauern wie verschlafen im Grund. Und drunten steht ein Bock. Der Bock vom Vorabend. Kein Kapitaler! Jedoch zeigt mir das Glas ein recht interessantes Gwichtl. Die Stangen kippen ab der Mitte nach rückwärts, ähnlich wie bei meinem ersten Bock. Fast könnten sie Geschwister sein. Nur liegt da eine Distanz von 10 km dazwischen. Der Rote da drunten plätzt wütend, dass die Gräser fliegen. Das kann nur der Platzbock sein. Zwischen dem gegabelten Stamm der Kiefer, an dem ich schon gestern gesessen hatte, lege ich auf. Das ist eine wackelige Angelegenheit. Also streiche ich lieber am Stamm außen an. Im Knall versinkt der Bock in den Brennnesseln. Raffael ist begeistert, dass es so schnell gegangen ist, und gleich darauf will er weiter. Energisch muss ich ihn bremsen und ihm klarmachen, dass es mir nicht um Massenstrecken geht. Er ist dann auch ganz zufrieden, wie wir uns bei unserer Beute niedersetzen und endlich ohne Druck und Plan den jungen Morgen genießen.

Bei unserer Pension angekommen, sehen wir betrübte Gesichter. Horst hat seinen laufkranken Bock gesehen, der Führer hat ihm die Büchse abgenommen, ist dem Kranken nachgelaufen und hat ihn natürlich nicht erwischt. Sie haben wieder Hunde geholt, die genau wie beim ersten Mal, die Nachsuche als lustige Tobestunde aufgefasst haben. Was ist das nur für eine Jagerei? Die Büchse vom Horst, den ich als einen verlässlichen Schützen kenne, sollte in das alte Jägerlied passen, in dem es heißt: „Er nahm die Büchse, schlug sie an den Baum."

Peter hat einen interessanten Bock erlegt, dessen Stangen wie aufgeblasen erscheinen. Er ist nicht zufrieden mit seiner Schussleistung, die Kontrollschüsse liegen jedes Mal anders. Jetzt hängt er die Büchse an den Nagel. Unerklärlich, was mit dem Ischler Stutzen los ist. Für ihn ist „Jagd vorbei". Mit einem Gewehr, das unzuverlässig ist, gibt's für ihn kein weiteres Jagen. Das Angebot meiner Büchse lehnt er dankend ab. Ein Musterbeispiel eines verantwortungsvollen Weidmanns. (Nach der Heimkehr fand der Büchsenmacher schnell heraus, dass sich das Holz des Vorderschafts ständig, je nach Wetterlage, verzogen hatte)

Mich reizt jetzt nur noch der „Krumme". Meinen Raffael, der sich zum Abschied auch noch bedankt für gutes Schießen – was hat der wohl schon alles erlebt – gebe ich an den Horst ab. Er ist bisher mit seinen Führern nicht so zurecht gekommen. Dafür lasse ich mich wieder allein auf der Kanzel absetzen, wo ich den abnormen „Knöpfler" gesehen habe. Vielerlei sehe ich an diesem Abend, doch der „Krumme" traut sich wohl nur ungern in diese Gegend, wo der Platzbock alle anderen zum Teufel jagt.

Beinahe hätte Horst, der nun mit dem Raffael zusammen jagt, einen wirklich starken Bock erlegt. Der Pirschführer ist gewiss ein unrastiger Bursche, doch wer unbedingten Erfolg will, der ist mit ihm gut bedient. Im Tausch habe ich nun als Führer den Stanislaw, der bisher mit dem Horst gegangen ist. Wir verstehen uns auf Anhieb gut. Er ist ein ruhiger, alter Jäger, der gerne pirscht, nicht telefoniert und wenig redet. Mit der deutschen Sprache ist's nicht weit her, aber mir reicht's allemal, wir kommen tadellos miteinander aus. Als ich zwei Brocken polnisch rede – recht viel mehr kann ich nicht – denkt er, ich könne dies perfekt. Und so erzählt er mir hin und wieder etwas auf Polnisch, worauf ich ihm auch eine Geschichte auf Deutsch erzähle, was jeweils nur einer von uns versteht. Wir nicken uns dann freundlich zu, lachen, wenn der andere lacht, und wissen nicht warum.

Donnerstag, 26. Mai

Endlich habe ich einen Jäger, der mit mir pirscht und ungern Auto fährt. So komme ich ohne Hektik in den Genuss dieser einzigartigen Landschaft mit den weiten Wiesen unter dem hohen, blassen Himmel des Ostens. Wir pirschen durch die einsamen, lichten Kiefernwälder, in denen die Augen des Landes – die stillen, schilfumsäumten Seen – eingebettet sind. Wir lauschen dem Ruf der Kraniche, dem Flöten des Pirols, und ich genieße wie nichts zuvor den stillen Gang an diesem Morgen durchs tauglänzende Gras. Auf einer Blöße in dem unendlich scheinenden Wald klettern wir lautlos auf einen Ansitz. Dennoch war es nicht unbemerkt geblieben. Nur ein einziger, tiefbassiger, grunzender Schrecklaut, nach einer Minute noch einer, schon weiter weg. Den Herrn hätte ich gerne angeschaut! Wir verhocken, verlauschen, vergucken eine Stunde, in der nur eine Kitzgeiß auftaucht, und pirschen dann weiter. Im sandigen Waldweg steht nagelfrisch eine starke Wolfsfährte.

Ein Wiesental, wie es hier viele gibt, öffnet sich vor uns. Nur ist es breiter mit kleinen Schilfinseln dazwischen. Leise steigen wir auf eine Kanzel. Und hier erlebe ich eine Stunde, in der ich ins irdische Paradies schaue. Vor dem Hochstand, in den Weidenbüschen, ganz nah, singt, schlägt und schluchzt die Nachtigall. Im Laubdach der Randbäume flöten Pirole und dazu ruft ununterbrochen der Kuckuck. Jenseits des Waldsaums liegt sicher ein See. Von dort her höre ich die Kraniche trompeten. Und um das Glück vollkommen zu machen, zieht nach kurzer Zeit ein Rehbock aus dem angrenzenden Wald. Brandrot ist er schon. Ein Bilderbuchgehörn prahlt auf seinem jugendlichen Haupt. Stanislaw schaut mich nur von der Seite ein wenig fragend an.

Kein Wort, kein „Bittä schießen!" stört den Zauber der Stunde. Vielleicht hat ihm Raffael schon gesagt, dass er da einen etwas sonderbaren Jäger bekommt.

Am Abend zieht's mich wieder zur Kanzel bei den Birken. Den „Krummen", den hätt' ich noch allzu gerne. Diesmal sitzt Stanislaw mit mir. Schon bald tritt der Bastspießer auf den Plan. Die Attacke des Starken hat er nicht weiter verübelt. Wieder tut er sich, mit Blick zu unserem luftigen Ansitz, in nächster Nähe nieder. Stanislaw dreht Kopf und Kragen wie ein Wendehals, um ja nichts zu verpassen. Ich habe Sorge, dass der Springnickel da drunten das spitzkriegt. Aber er malmt in aller Ruhe seine Kräuter, vielleicht meint er, da oben sitzt ein Uhu. Im Dämmern zieht ein noch pechschwarzer, angehender Keiler aus dem Unterholz.

„Wollen schießen?"

„Zu jung!"

Und Stanislaw lehnt sich beruhigt zurück.

Um es kurz zu machen – der Krumme ließ sich weder an diesem Abend noch am nächsten Morgen, dem Abschieds-Ansitz, blicken. Es wäre die letzte Möglichkeit gewesen. Als Trost bleibt mir nur das Wort eines Weisen: Das Unverlierbarste ist das nie Besessene.

Loisei

Großes Menschengewühl auf der Salzburger Messe „Hohe Jagd." Dicht gedrängt schoben sich die Massen über die Gänge. Plötzlich stand er vor mir. Mit seinem blonden, bis auf die Brust wallenden Bart hob er sich deutlich von Herrn „Jedermann" ab. Unter einem alten Jägerhut mit verblichenem, verrupftem Hirschbart ein wissbegieriges, offenes Gesicht mit himmelblauen Augen. Die schmale Lesebrille balanciert auf der Nasenspitze. Im Mund hängt eine lange Pfeife. Ohne sie – kein Loisei. Die rechte Daumenkuppe ist verhornt, vernarbt vom ständigen Nachdrücken der Tabaksglut. Abgewetzte Bundlederhose, grüne Weste mit Hirschgrandl-Knöpfen. Eine schwersilberne Uhrkette pendelt aus der Seitentasche.

„I bin der Loisei", lachte er und reichte mir mit kräftigem Druck die Hand. Der Esterl Koni hatte ihm von mir erzählt, meine Bücher hatte er gelesen, nun wollte er schauen, wer dahinter steckt.

Seine hellwachen Augen musterten mich aufmerksam. Jägeraugen. Diesen feinspürigen Blick haben nur wahre Jäger oder echte Künstler, wie etwa Maler, die ihre abzubildenden Objekte genau fixieren. Wenn ich bewusst sage „Jäger", dann meine ich nicht jene, die auch „mal zur Jacht" gehen, wobei die Anzahl ihrer Trophäen eine zweitrangige Rolle spielt. Diese Sorte von Mitmenschen – und es sind beileibe nicht nur die „Auchjäger" – die schauen dich nur „mit dem Weißen im Auge" an. Man sitzt einen Abend lang gesellig beisammen, doch trifft man sich nach kurzer Zeit, dann erkennen sie einen nicht wieder. Sie sind ganz erstaunt, dass man sich bereits bekannt gemacht hatte. Da denke ich mir im Stillen, „wie werden die jemals ein schon einmal gesehenes Wild wieder erkennen?"

Der Loisei – Alois Schuhbäck – hat als Tierpräparator das präzise Auge. Wie das auf einer Messe so geht, auf der man zum Signieren eigener Bücher anwesend ist; zum langen Plaudern war keine Zeit. Doch dieser Mensch interessierte mich; ein Mann, der in unserer Zeit, wo alles möglichst angepasst, schön brav gleichgerichtet ist, seine Individualität so echt bewahrt hat. „A Bsunderner" – ein Besonderer – diesen Ehrentitel tragen hierzulande solch seltene Erscheinungen.

Als wir uns nach kurzer Zeit trennten, versprach ich, nun selber neugierig geworden, ihn bald in seinem Wigwam im Chiemgau zu besuchen.

An einem strahlenden Frühlingstag fuhr ich zum zweiten Mal nach Palling. Vor ein paar Monaten war ich bereits schon einmal hier. Die Faszination, die von diesem Menschen ausgeht und die mich schon bei unserer ersten Begegnung in Salzburg in den Bann schlug, hat mich wieder hergeführt. Über traktorschmale Bauernstraßen geht's seitab der Asphaltpfade sanft hinauf nach Höhenstetten. Neben zwei stattlichen Bauernhöfen ein kleinerer Hof im Schatten alter Nussbäume. Das herzliche Willkomm' wird verstärkt durch die freudige Begrüßung von Loiseis Schweißhündin „Burgi". Sie erkennt in mir sofort die verwandte Seele.

Den Hausgang bevölkert eine Unzahl von Tierpräparaten, den Eingang zur Werkstatt bewacht ein heulender Wolf. Loisei hat ihn vor Jahren in Russland erlegt. An der Wand hängt ein frisch geschossener Spielhahn. „Ja", denke ich mir, „so natürlich sollte er auch als Präparat wirken." Ich streiche ihm übers Gefieder, um zu fühlen, ob er noch warm ist. Überrascht fahre ich zurück – es ist ein schon fertig präparierter Hahn. So täuschend echt habe ich wohl noch keinen ausgestopften Vogel gesehen. Die Augen des als Stillleben hängenden Spielhahns sind vom Unterlid her halb geschlossen. Das sieht man selten. Meist sind es weit geöffnete

Augen, so als wäre das Tier noch lebendig. Loisei ist ein genauer Beobachter.

„Du musst die Tiere gründlichst kennen und studieren", sagt er, „du musst sie lieben!" Die Wände der Werkstatt sind voll von fertigen und noch zum Trocknen aufgehängten Präparaten. Auf dem Arbeitstisch liegt ein frischer Balg eines Auerhahns aus Russland. Der schaut bös' zerschossen aus.

„Wenn der fertig ist," sagt er, „dann siegst du nix mehr davon."

Der Raum wird beherrscht von einer Schultermontage eines starken Kronenhirsches.

„Wer hat denn den geschossen?"

„Lass dir verzähl'n!"

Und dann kommt eine zu ihm passende Moritat.

Der Loisei wohnt mitten in seinem Jagdrevier. Hier gibt's nur Rehe, Hasen und Füchse. Vor hundert Jahren, da verirrte sich vielleicht einmal ein Hirsch aus den riesigen benachbarten Wäldern um Traunreuth, wo es damals noch Auerwild gab. Heutzutage kann man nur von vergangenen Zeiten träumen. Ein paar Kilometer entfernt gibt's aber ein Rotwildgatter, und daraus ist der Hirsch entkommen. Ihn wieder einzufangen, war unmöglich, man wusste nicht einmal, wo er sich herumtrieb. Der Besitzer gab ihn verloren und somit der Jägerschaft zum Abschuss frei. Alle Jäger der Umgebung rückten nun Tag und Nacht aus, um den Geweihten zu erlegen. Den Loisei ließ das kalt.

„Wenn's mog, nacha kriag'n i sowieso."

Und er blieb brav in seiner Werkstatt bei seinen toten Viechern. Eines Tages rumpelt atemlos ein Spezl zur Tür herein.

„Auf, Loisei, drunt, beim Kalvarienberg, da steht a Mordstrumm Hirsch!"

Der Loisei stopft sich in aller Ruhe frisch eine neue Pfeife, nimmt die Büchs' und fährt hinunter zum Kalvarienberg.

„Pfei'grad, er is no da g'standn. Obirscht hab i mi und zwischen zwoa Pfeifn hab i eahm derschoss'n. Brauchst aber net glaub'n, dass i d' Pfeif aus'm Mäu aussa do hab!"

„Heldentat", sagt er, „war's koane, aber g'habt hab'n i."

Die anderen Jäger haben erst nach Tagen vom Tode des Edlen erfahren und sind noch weiter rund um die Uhr angesessen. Und das freut den Loisei heut' noch diebisch.

Schon als kleiner Bub zog er mit dem Flobertg'wehrl in den Wald. Später hat er dann einen alten Karabiner erhandelt. Damit ist er „'gangen", wie's diskret in Bayern fürs Jagen ohne Schein heißt. Sein größter Wunsch war's, Berufsjäger zu werden. Aber der Vater hatte es verboten, er wollte halt, dass er den kleinen Hof mit seinen 45 Tagwerk einmal übernimmt.

Der Loisei hat schon als Bub alle möglichen Viecher ausgestopft und sich so ein Taschengeld verdient. Daraus ist dann sein Beruf geworden. Der Vater hat ja den Berufsjägerwunsch so lange blockiert, bis es zu spät war. Den Hof hat er nach dem Tod des Vaters der Schwester übergeben, um sich ganz dem Präparieren zu widmen. Immer hat's ihn in die Welt hinaus getrieben. Kanada, Alaska, Nordamerika. Da hat er genug Studien treiben können, wie die Tiere ausschauen. Dann ging er nach Russland, immer als Jäger und Präparator.

Wir hocken in der Werkstatt und reden. Ich sitze unter dem mächtigen Hirsch, der mich aus seinen Lichtern anblickt, als sei noch Leben in ihm. Von der meisterhaft hergestellten Partie um die Lichter, die Tränengruben sind so lebensecht, als wären sie noch feucht, mache ich ein paar Aufnahmen. Derweil springt der Schweißhund auf den Werktisch, steigt vorsichtig über den Auerhahnbalg und bettet sich genüsslich auf seine Decke auf der Fensterbank.

Der Blick geht hinaus über einen kleinen, parkartigen Garten in die Weite von Loiseis Revier. In Schussentfernung hat er einen Futterplatz für die Füchse angelegt. Die Kerne seiner Objekte bieten reichlich Nahrung für Familie Reineke. Abwechslungsreich dazu. Welcher der heimischen Füchse bekommt schon Auer- und Birhahn, Gams, Orix, Elch, Steinbock oder Karibu zum Nacht-mahl.

Als der Loisei vor die Tür gerufen wird, hupft die Hündin auf den Sessel des Herrn und Meisters. „Jetzt bin ich der Boss!" Das Bild des Tages.

Über den Auerhahnbalg kommen wir auf das Problem der bedrohten Auer- und Spielhahnen. Loisei meint, das Rätsel könne in der total fehlenden Anpassungsfähigkeit dieser Tiere liegen. Er zeigt mir anhand des vor uns liegenden Vogels, in dem noch die Hirnschale steckt, wie klein das Hirnvolumen ist. Im Vergleich zu gleich großen anderen Vögeln, sagt er, ist das Gehirn dieser Raufußhühner winzig. Mangelt es ihnen deswegen an der Flexibilität?

Von den Hasen reden wir, ihnen geht es auch nicht so gut. Denen nützt alle Anpassungsfähigkeit nichts, die riesigen Anbauflächen zur Erzeugung von Biosprit sind kein Lebensraum ohne die für sie notwendigen, vielfältigen Kräuter.

„Und i tat so gern wieder amoi a Hasei ess'n."

„Bei dir gibt's ja welche, einen im Jahr kannst doch leicht schießen."

„Scho", meint er, „aber wenn oana kimmt, und i soit eam derschiassn, nacha derbarmt er mi. I mog's ja sovui gern!"

Der Loisei hat bei seiner Tätigkeit viel Zeit zum Nachdenken. Keine ständige Radioberieselung mit Nachrichten, Werbedurchsagen und nervtötendem Gewummere stört seine Betrachtungen. Wir kommen vom Thema Hahnen und Hasen auf die Problematik und Zukunft der Jagd. Er, wie ich, wir begegnen vielen Jägern, sehen und hören, wie sich die Anschauungen über Ethik und Weidgerechtigkeit rasant verändern. Er erfährt in diesem Fall noch viel mehr, da seine Kunden in aller Welt jagen und Beutestücke herbeischleppen. Was er da oftmals zu sehen und zu hören bekommt, lässt ihn pessimistisch in die Zukunft schauen. Bekannt ist der Fall einer Bärendecke aus Kamtschatka, die zum Präparator gebracht wird. Mit dem Einschussloch genau senkrecht von oben. Ein Schelm, der Arges dabei denkt.

„Mir zwoa," sagt er „san mit unsere Anschauungen bereits jetzt scho Dinosaurier, Fossilien einer aussterbenden Art."

Ich bin da nicht so schwarzseherisch. Es gibt sie, die echten Jäger, wenn sie auch rar sind. Der „entfesselte Proletheus" hat eben auch vor der Jagd nicht Halt gemacht. Das Wort von Heraklit: „alles fließt" betrifft Alle und Alles. Auch wenn wir diese „Dinsoaurier" wären, so gebe ich meine Hoffnung und Zuversicht nicht auf und halte es mit Martin Luther, der gesagt hat: „Selbst wenn ich wüsste, dass morgen die Welt unterginge, so würde ich noch heute mein Apfelbäumchen pflanzen!"

Auf der Hütte

Sie werden ganz leicht hinfinden. Wenn Sie das kleine Dorf hoch droben auf dem Hügel im Voralpenland erblicken, bewacht vom Zwiebelturm der alten Barockkirche, dann haben Sie's nimmer weit. Die Aussicht von dort oben wird Ihren Atem stocken lassen. Schneebedeckte Gipfel der Alpenkette reihen sich hinter der dunklen Zackenlinie ferner Wälder. Ganz unten im Tal, schon einen Kugelschuss weit außerhalb des Dorfs, wo die Anhöhe in saftige Wiesen übergeht, liegt, umrahmt von uralten Walnussbäumen, ein kleiner Dreiseithof. Sie sehen ihn schon von Weitem, wenn Sie auf der staubigen Landstraße daherkommen. Der Bauer Mitterlechner, oder wie der Hofname sagt, „beim Grieser", hatte vor Zeiten für den alten Grieservater – Gott hab' ihn selig – auf einem außerhalb liegenden, kleinen Gemäuer eine Austragswohnung gebaut. Der Alte ruht nun schon lange droben auf dem kleinen Gottesacker, und die Wohnung stand leer. Das war für uns als Jagdpächter eine willkommene Bleibe. Wenn Sie uns besuchen kommen, müssen Sie über die halsbrechend gefährlich steile Treppe in den – sagen wir's mal vornehm – ersten Stock hinauf steigen. Der außen liegende Treppenaufgang ist ringsum holzverkleidet, und Gott sei Dank gibt's beiderseits ein Geländer. Hinaufzusteigen wird Ihnen leicht fallen, doch wie's manchmal so kommt – hinunter mit entsprechender „Ladung" – gerade nach der Jagd, da heißt's Obacht geben. Die Hunde tun sich ebenfalls nur mit dem Aufstieg leicht, aber abwärts geht's oft „huraxdax" schneller als geplant. Dennoch, o Wunder, noch nie ist hier jemand abgestürzt.

Wenn Sie auf unsere Jagdhütte kommen werden, da denken Sie gewiss an eine einsame Blockhütte mit weit vorspringendem

Dach unter rauschenden, ehrwürdigen Fichten. Alles würde da aus Holz sein, und die groben Bohlen der Innenwände sind sicher mit Moos verfugt. Nun – hier ist vieles ganz anders, selbst die Wände der Jägerstube sind weiß gekalkt, und der Blick geht hinaus auf die alten Nussbäume, die Wiesen, die im Frühjahr übersät sind von Schlüsselblumen, und den kleinen Wiesenbach mit der fetten Brunnenkresse, die auf dem Butterbrot so köstlich schmeckt. Die breite Eckbank hinter dem großen, klobigen Bauerntisch bietet Platz für Sie und unsere anderen Jagdfreunde, lädt ein zum „Verhocken", Verweilen und Erzählen. Eine kleine Kochecke gibt's auch in der Stube mit einem Waschbecken, das bei dem einfachen Hüttenleben auch als Bad-Ersatz herhalten muss. In der Kammer nebenan stehen zwei schmale, alte Bauernbetten – recht kurz sind sie, nur zur Not ausreichend für unsere Körpergröße. Die Menschen früherer Zeiten waren halt kleiner, und der alte Grieser war demnach auch kein Riese. Genug für die kurzen Nächte des Jägers, der spät ins Nest kommt und schon vorm ersten Hahnenkräh' im Wald ist.

Von der Stube aus, wenn Sie sich ein wenig umschauen wollen, können Sie auf die Tenne hinausgehen. Alles Gerümpel, das sich im Lauf der Jahrzehnte angesammelt hat, haben wir ausgeräumt. Sie bietet nun mit Bierbänken und Klapptischen Raum für Viele, wenn niemand Lust auf Gasthaus und Wirtschaftsdunst hat. Hier kann man das Tennentor weit aufreißen, die blauen Tabakwolken hinausziehen lassen und auf Wiesen und Wälder schauen. Zudem ist es für den winterlichen Fuchsjäger ein feiner windgeschützter Ansitzplatz.

Seit Jahren hausen wir nun hier, nicht nur zur Jagdzeit; für den Jäger gibt's rund ums Jahr genug im Revier zu tun. Seitdem haben ungezählte Jagdgäste und nichtjagende Freunde die Eckbank blank gewetzt, sind um den Tisch gesessen, haben gespeist, getrunken und erzählt. Es wird zu passender Stunde auch viel gesungen. Meist unter Zuhilfenahme des „Leibhaftigen Lieder- und Notenbüchls" vom Kiem Pauli. Wenn unser bäuerlicher Jagdhelfer Hansl dabei ist, dann muss unbedingt der

„Saubärgrunzer" drankommen. Dieses schöne Lied handelt von einem Holzknecht, der in überschäumender Zuneigung die fesche Sennerin im Schweinekoben vernascht. Dabei haben die zwei, wie es heißt, sich „fest zammag'schmuckt und ha'm dabei an Saubär'n dadruckt". Unser Hansl fühlt sich dabei sicher an manche Jugendgspusi erinnert und grunzt dazu den Refrain „grch, grch" stets mit großer Könnerschaft und Hingabe.

Unsere Hunde besitzen unter den Bänken ein behagliches Lager auf einem Polster, über das je eine Gamsdecke gebreitet ist. Diese Plätze werden gegenüber Gasthunden energisch verteidigt. Für Ihren Hund gibt's eine reichliche Auswahl von Körben, denn Hunde haben bei uns einen – wenn auch oft belächelten – so doch hohen Stellenwert.

Die Geschichten, die unsere Gäste hier erzählten, waren manchmal schier unglaublich. Oft hatten sie auch nichts mit der Jagd zu tun. Was nicht heißen soll – wie böse Zungen behaupten – dass nur Jagdgeschichten unglaublich sind. Oftmals noch spät abends oder anderntags habe ich das Gehörte erst einmal in Stichworten festgehalten. Wenn Sie ein wenig verweilen wollen, so werde ich Ihnen die eine oder andere nacherzählen.

I.

Im ersten Jahr unserer neuen Pachtperiode gab's auf den vielen kleinen Weihern im Revier sowie auf der Erlach, dem unverbauten Flüsschen, viele Enten. Leider wurden alle Weiher im Zuge des zunehmenden Maisanbaus von den Bauern zugeschüttet und zu neuen Äckern einplaniert. Dabei gingen unzählige Brut- und Nistgelegenheiten, Laichbiotope der Lurche, sowie wertvolle Deckung fürs Niederwild verloren. Auch wurde die Erlach – Gott sei Dank ist das nun vorbei – als Abwasserkanal zum Siloreinigen missbraucht. Da wurde das Wasser schwarz, als hätte sich der Teufel seine dreckigen Füße drin gewaschen. Doch davon ein andermal.

Wir hatten einige Freunde zum abendlichen Enteneinfall geladen, gute Strecke gemacht, und saßen nun bei einer kleinen Brotzeit in unserer Jägerstube. Obwohl jeder der Schützen sich Breitschnäbel mitnehmen durfte, blieben noch genügend für uns zurück. Dabei tauchte die Frage auf: „Was macht ihr mit so vielen Enten?" Zu diesem angenehmen Problem konnte ich den Freunden eine gar nicht so lang zurück liegende Geschichte erzählen:

Wir waren gerade umgezogen und unser Hausstand noch nicht komplett, sodass uns eine Tiefkühltruhe fehlte. Bei einer kleinen Entenjagd auf einem oberbayrischen See hatten wir, meine Frau und ich, so viele der Breitschnäbel erbeutet, dass uns der großzügige Jagdherr die gesamte Strecke schenkte. Es herrschte in den Tagen grimmiger Frost, die Quecksilbersäule fiel unter – 20 °. Wir hingen unsere Beute an die Fensterläden des Hauses, wo sie, im eisigen Ostwind schaukelnd, wie Holzstücke dumpf aneinander klopften. Nach und nach gedachten wir, eine nach der anderen aufzutauen, die Brüste auszulösen und zu braten. Doch dann kam, wie es im Winter oft ist, Föhn auf. Das Thermometer stieg auf gefährliche Plusgrade. Nicht nur der Schnee, auch unsere Enten tauten auf. Was tun? Wir telefonierten etliche Freunde an, ob sie nicht zum großen Festmahl kommen wollten. Doch wir bekamen keine Tafelrunde zusammen. Da fiel uns Freund Ludwig ein. Seines Zeichens Käsegroßhändler, war er durch Umsicht und Tüchtigkeit zum reichen Mann geworden. Auf seiner gepflegten Niederwildjagd waren wir ständige Gäste. Auch bei ihm gab's reichlich Enten. Er aber verachtete deren Genuss und verschenkte stets die Strecke.

„Die Viecher schmecken grausig nach Tran, die mag fressen, wer mag!", war sein selbstherrliches Urteil. Er war keinen Argumenten zugänglich, es doch einmal zu versuchen. Wir waren sicher, dass er noch nie im Leben eine gut zubereitete Wildente gegessen hatte. Wenn er aber einmal eine vorgefasste Meinung hatte, dann gab's nichts, was ihn umstimmen konnte.

„Ein rechter Mann ändert seine Meinung nie!" So einer war er.

„Wart nur", sagten wir uns, „dich werden wir Besseres lehren!"
Dazu hatte ich mir eine List ausgedacht. Als ich ihn anrief, um
unsere Einladung vorzubringen, erzählte ich ihm, dass ein Freund,
der Pilot bei der Lufthansa sei, uns aus Südafrika köstliche
Frankolinhühner mitgebracht hätte. Die seien unter Fein-
schmeckern eine begehrte, seltene Delikatesse. Ludwig sagte
gerne voll freudiger Erwartungen zu.

Wir haben dann die Brüste der Enten ausgelöst und in einer
himmlischen Rotweinsoße mit Kartoffelknödeln serviert. Der
Käs-Ludwig „haute rein wie Hektor in die Buletten". Immer
wieder ließ er sich nachlegen. Sein Kommentar erforderte unsere
ganze Selbstbeherrschung:

„Hoffentlich kommt euer Freund wieder mal nach Südafrika.
Das war wirklich ein feines Wildgeflügel, ganz was anderes als
so schauderhaft tranige Wildenten."

Wir haben uns nie getraut, ihm die Wahrheit zu gestehen.
Dieser Teil von Humor fehlte ihm zur Gänze, und es hätte uns
Leid getan um die in diesem Fall sicher verloren gegangene
Freundschaft.

II.

Da meldete sich unser Freund Robert: „Weil du gerade von so
einem Menschen erzählst, der offenbar „nouveau riche" ist, fällt
mir ein Bekannter ein, der zwar ebenfalls ganz reizend, aber
ebenso absolut „neureich" ist, mit allen Begleitumständen. Es ist
zwar keine Jagdgeschichte, aber sie passt ganz gut zu deinem
Entenesser. Mit dem Bekannten, nennen wir ihn einmal Karl, bin
ich oft zum Skifahren in der Schweiz. Dabei kommen wir durch
viele Ortschaften, und in fast allen gibt es diese kleinen Teestuben.
Draußen an der Fassade steht groß: „Tea Room". Da mein
Bekannter seine Bildung ein wenig vernachlässigt hat, etwa nach
dem Motto: „Lieber Hydrokultur als gar keine Bildung", und
auch meint, sie wäre völlig überflüssig und würde einen nur vom

Business abhalten, so ritt mich der Teufel: Als wir zum wiederholten Mal an einem „Tea Room" vorbeigefahren waren und zudem vor einem solchen wegen einer roten Ampel halten mussten, deutete ich hinaus mit den Worten: „Diese Frau ist ja wirklich stinkreich".

„Wen meinst du? Welche Frau?" fragte er.

„Na die hier, die Tea".

„Welche Tea?"

Ich deutete auf das Firmenschild: „Hier, die Tea Room mit ihren unzähligen Geschäften."

„Ja, die sind mir schon aufgefallen, und sag' mal, kennst du sie, und woher?"

„Sicher, die Tea Room hat ja ein Riesenjagdrevier in Tirol."

Er war schwer beeindruckt. „Und die hat dich eingeladen?"

„Nun, sagen wir mal so" – mir wurde langsam Angst wegen der Flunkerei – „ich kenne einen ihrer vielen Berufsjäger."

„Schade", sagte er, „schade, dass du nur einen Berufsjäger von ihr kennst, ich hätte sie gerne persönlich kennen gelernt. Eine gegenseitige Jagdeinladung wäre doch der Beginn einer lukrativen Freundschaft."

Ich war froh, dass ich nur eine indirekte Bekanntschaft vorgetäuscht hatte, leicht wäre ich noch das Opfer meiner eigenen üblen Späße geworden. Abschließend muss ich sagen, dass ihm die reiche „Tea" mit dem Riesenrevier noch immer im Kopf herumspukt. Wenn mein Schwindel eines Tages auffliegt, dann darf ich mich warm anziehen.

III.

Ich sah meinen Freund Pit schon fiebernd warten, damit er seine Schelmengeschichte, die ich bereits kannte und die zu unserem Thema passte, loswerden könne. Dazu muss ich erklärend Folgendes vorausschicken: Der Pit, unser jagdlicher Helfer, der im Revier daheim ist, begleitete mich auch stets auf alle

Hundeprüfungen. Ich führte damals Deutsch-Kurzhaar, und einige der Prüfungen fanden im Nachbarrevier statt. Der Pächter, namens Ludwig Grill, war ein ehemaliger Wilderer, der von einem weisen Jagdherrn einst zum Jagdaufseher umfunktioniert worden war. Inzwischen war er, wie gesagt, selber Pächter und erfahrener Hundeführer geworden. Ein schlichter und bescheidener Mensch, der – nebenbei bemerkt – auch alle unsere Hege- und Schonabsprachen bezüglich der Zukunftsböcke verlässlich einhielt.

Dies nur zur Vorgeschichte.

Der Pit begann:

„Als ich hier im Revier auch als Mitjäger heimisch werden durfte, wurden an lauen Sommerabenden unsere dörflichen Helfer und Treiber hin und wieder zum Grillen eingeladen. Das Braten auf Holzkohlenglut war in unserem Dorf ein absolutes Novum. Sie fragten: „Was macht's es denn da, wie sagt's ihr – grillen?" Sie wälzten das neue Wort wie eine fremde Frucht im Mund. Aber das Grillen gefiel und schmeckte allen, und bald fragte man: „Wenn dat's es wieder amoi gruin?" (Wann tut ihr wieder einmal grillen?) Da ritt mich der Teufel:

Ihr kennt doch alle den Grill Ludwig von Indorf? Wisst ihr auch, dass der Mann unglaublich reich ist? Der ist ganz sicher Millionär.

„Aber geh", hieß es, „den kennan mir scho lang, der hot a net mehra ois wia mir, der is doch net reich und wieso a?"

Ja, ihr Deppen, der zeigt's nur nicht. Der bekommt für jede Grillpfanne, jede Grillzange, jeden Sack Grillkohle, jeden Grillrost, für alles, was mit Grillen zusammenhängt, je eine Mark Gewinnanteil. Der hat das Grillen in seiner Jugend in Argentinien kennen gelernt, wo es „Asado" heißt, in Deutschland unter seinem Namen „Grill" eingeführt und patentieren lassen!

Ungläubiges Staunen. Ich hatte das so glaubhaft hervorgebracht, dass einer von den Bauern sogar bestätigend sagte:

„Jawoi, i hob mi a scho g'wundert, letztes Monat, da hob i eam in am neian Mercedes g'seg'n".

Das war eine wunderbare Bestätigung meiner Story. Mit dieser Geschichte bin nun schon mehrmals auf staunende Zuhörer gestoßen. Nur einmal, da hat mir einer dafür Prügel angedroht. Dem war's einfach zu dick aufgetragen".

Der Pit lehnte sich zurück, tat einen tiefen Zug aus dem Zinnkrug und zuckte angstvoll, als einer von uns den Arm hob. „Jetzt", dachte er wohl, „jetzt krieg ich doch noch Schläge!"

Das wäre kein Wunder gewesen, denn das war wirklich knüppeldick aufgetragen.

IV.

Es war im Spätherbst eines anderen Jahres. Wieder saß eine Runde Jagdfreunde um den Tisch der Jägerstube, als mein Bruder, der auf einer anderen Jagd gewesen war, mit Gepolter die hölzerne Stiege herauf trappte. Als er sich zu uns setzte, holte er aus einer Tüte ein klotziges, atemberaubend kapitales Rehgwichtl heraus. Allen blieb der Mund offen. Als die ersten Glück- und Weidmannsheilwünsche auf ihn niederprasseln wollten, hob er beschwichtigend die Hand:

„Nur langsam, Freunde, den hab' nicht ich geschossen."

„Ja, wie kommst denn du zu dieser unglaublichen Trophäe, bist du unter die Raritätensammler gegangen?"

„Nein, lasst euch erzählen!

Ich mache ja oft kleine Wanderungen in den Chiemgauer Bergen und kehre dabei jedes Mal beim Abstieg in der gleichen Hütte ein. Seit langem fiel mir da ein interessanter Typ auf, der stets abseits von allen Wanderern am Rande der Terrasse einsam saß. Er war jägerisch gekleidet und seine Bundlederhose war dermaßen speckig, dass sie wie gelackt glänzte. Der Mann hatte einen guten, markanten Apostelkopf mit einem tadellos gestutzten, graumelierten Vollbart. Nur seine Augen hatten etwas Sonderbares. Sie standen leicht schräg und waren zudem wie bei einem Asiaten geschlitzt. Sie gaben seinem Gesicht etwas Diabolisch-Mephistohaftes. Aus der Nähe betrachtet, erwies er sich als ein adretter, gepflegter Mann. Nur seine speckige Lederhose – ich habe ihn nie in einer anderen erlebt – „gschmackelte" – gelinde gesagt – besonders bei ungünstiger Wetterlage recht exotisch. Er schien niemanden wahrzunehmen, seine ganze Aufmerksamkeit gehörte seinem Weizenbier und dem Schnaps. Manchmal führte er Selbstgespräche, zu denen er wild gestikulierte. Die Bedienung nannte ihn Schorsch. Auto schien er keins zu haben, denn wenn alle anderen Wanderer heimgefahren waren, stand außer meinem Auto kein anderes mehr vor der Hütte, von der aus die Touren begannen. Eines Tages, ich meinte der letzte Gast zu sein, da hockte doch noch der Einsame in seinem Winkel. Auf einmal – mich hatte er nicht wahrgenommen, da ich still um die Hausecke saß – fing er an, aus Goethes Faust zu zitieren.

Die „Zueignung". Fehlerlos, etwas lallend, aber ohne zu stocken. Vom „Ihr naht euch wieder, schwankende Gestalten…" bis zur letzten Zeile: „…und was entschwand, ward mir zu Wirklichkeiten".

Ein Stockbetrunkener zitiert Faust! Ich fand, es würde sich lohnen, mit solch einem Typ in Kontakt zu kommen, der im Suff noch solche Zitate zuwege bringt. Und so setzte ich mich einfach zu ihm. Erst war es schwer, sein Vertrauen zu gewinnen. Doch dann brach es aus ihm heraus wie ein Wasserfall. Seine bewegte Lebensgeschichte bekam ich zu hören und mir wurde die Zeit nicht lang. Als ich ihn – nun war er selber eine „schwankende Gestalt" – anschließend heimgefahren hatte, staunte ich, in welch schmuckem Bauernanwesen er daheim war. Sein Wohnbereich überraschte mit Wänden voller Bücher. Bislang war ich der Meinung, die meisten Jäger besäßen nur zwei Bücher: Telefonbuch und Bibel. Und – auf dem Tisch lag tatsächlich ein Reclam-Heft: Goethes „Faust".

Um es kurz zu machen, der Schorsch war ein kultivierter Wochenendsäufer, der irgendeinen Kummer alle sieben Tage ertränken musste. Aus dieser Begegnung wurde eine kleine Freundschaft, in deren Verlauf er ohne mein Zutun das

Quartalssaufen aufgegeben hatte. Er war Pächter eines kleinen Jagdreviers im Umland des Chiemsees. Seine Landwirtschaft hatte er verpachtet, und da er kein Auto besitzen wollte, ließ er sich per Taxi oder von Bekannten zu seinen diversen Zielen chauffieren. Bald lud er mich auf Rehböcke ein. Immer jedoch tat er sehr geheimnisvoll, als würden wir in seinem Revier etwas Unerlaubtes tun. Am liebsten hätte er mir geraten, nur recht „leise" zu schießen, am besten mit Kleinkaliber oder gar mit Schalldämpfer. Da ich die Hirnschale meiner Rehgwichtl stets mit Tusche beschrifte, bat er mich, nur recht unverfängliche Reviernamen zu benützen, wie zum Beispiel „Tannengrund" oder „Mooseck". Auch sollte ich beim Verlassen des Reviers meinen Hut mit einem eventuellen Bruch nicht sehen lassen. Diese Heimlichtuerei erschien mir sehr sonderbar. Dabei war er wirklich der legale Pächter, und das Revier machte nicht den Eindruck, als ob es leergeschossen wäre. Des Rätsels Lösung war seine krankhafte Angst vor Neidern unter den bäuerlichen Verpächtern und Jagdnachbarn. Wenn ich bei ihm war, fragte er stets:

„Was tust denn du am Sonntag?"

Wenn ich dann von einem Ausflug zu einem schönen Ziel sprach, kam immer:

„Hmm, nimm mi halt mit!"

Dieses bettelnde „Hmm" kam vor jedem Satz, wenn er von mir was wollte. Als ich einmal erzählte, ich würde am Wochenende mit meinem Bruder in die Münchner Nachtbar „St. James-Club" gehen, ging's wieder:

„Hmm, nehmt's mi halt mit!"

Und wir haben ihn mitgenommen. Er erschien in der unvermeidlichen Speck-Glanz-Hose, aber betäubend duftend in einer Wolke „Old Spice". Und wir hatten das G'schau, der Schorsch war die exotische Sensation. Er schwamm nun in seinem Element. Die „Große Welt", oder was er dafür hielt, umringte ihn. Den Bewunderern erzählte er gestenreich, wie er einst in Kanada einen Riesenelch geschossen hatte und das gewaltige Geweih auf der Heimreise bei einem Zwischenstopp in New York auf seinen Schultern über die Fifth Avenue getragen hatte. Natürlich hatte er diese Hose an. Die Amis hätten Augen gemacht, solch einen sonderbaren Vogel hatten sie hier noch nie erlebt. Vielleicht hatte er sein Vorbild in dem Dichter Oskar Maria Graf. Der sorgte in den Achtzigerjahren für einen Skandal, als er in der notabene! Kurzen, die bei ihm eine Art Markenzeichen war, zu einem Staatsempfang im Münchner Cuvilliers Theater erschien.

Wenn wir daheim Jagdgäste hatten, wollte er unbedingt dabei sein.

„Hmm, nimm mi halt mit!"

Da saß er dann wie festgeklebt auf seinem Platz, bis weit nach Mitternacht, bis auch der letzte Gast gegangen war. Danach aber stürzte er fort, ab hinter den nächsten Baum. Das dauerte eine Ewigkeit, bis er seine Biere plätschernd losgeworden war. Lieber jedoch hätte er einen Blasenriss riskiert, als nur eine Minute im Kreis der Gäste ein einziges Gespräch zu verpassen.

Eines Tages wollte er mir eine besondere Freude machen. Verschwörerisch mit den Schlitzaugen rollend, raunte er mir was von einem Kapitalbock zu. Den sollte ich erlegen, aber niemandem, keiner „Menschensterbensseele", erzählen, wo ich ihn geschossen hätte. Mit dem Wort „kapital" wird ja gern ein wenig inflationär umgegangen, so war ich entsprechend misstrauisch; dennoch sagte ich gerne zu.

An einem Sommerabend schlichen wir – wie immer in aller wilddiebischen Heimlichkeit – zum Ansitz. Der Schorsch setzte mich an einer Waldschneise an, hier würde der Kapitale kommen, lang ansprechen bräuchte ich nicht. Der Bock sei so stark, dass ich meinen würde, hier kommt ein Geweih mit einem Bock dran. Na ja, dachte ich, lass' ihn erst mal kommen. Der Abend dämmerte herauf, die Vögel verstummten bereits, nichts tat sich, kein Haar war zu sehen. Plötzlich knallte es beim Schorsch, der unweit an einem Wegrand angesessen hatte. Im Finstern ging ich zum Treffpunkt an seinem Stand. Da wartete mein Schorsch mit allen Zeichen hellster Aufregung. Vor ihm türmte sich ein eigenartiger

Laubhaufen, den ich zuvor, als wir uns trennten, noch nicht gesehen hatte.

Was war geschehen? Keuchend, flüsternd (Vorsicht, Feind hört mit!) erzählte er, indem er sich vom Laubhaufen abwandte, dass da drunter der Kapitalbock läge. Er habe ihn leider, leider selber schießen müssen, damit er nur ja nicht zum Nachbarn ginge. Es täte ihm furchtbar leid, aber es habe halt sein müssen. Jetzt hatte er ihn dort versteckt. Ich wollte ihm gratulieren und den Bock anschauen, wie es sich gehört, doch er wehrte ab. Niemand solle den Handschlag oder gar das Bruch-Überreichen sehen.

„Ja net hi'schaun!" zischte er.

Aha, darum hatte er sich von seinem Opfer abgewandt. Als wenn der Wald voller Späher und Lauscher wäre. Das ließ eine reichlich dunkle Vergangenheit erahnen.

„Jetzt fahrn mir z'erscht amoi hoam, und nach Mitternacht, da hol mer'n."

Das war der Gipfel der Verschlagenheit. Wilderergetue im eigenen Revier. In finsterer Nacht haben wir den Bock dann exhumiert, besser gesagt, „entlaubt". Bei Licht betrachtet, daheim auf seinem Hof, blieben mir wirklich Spucke und Sprache weg. „Das hier", und mein Bruder hob das Gwichtl in die Höhe „ist der Kapitale. Jetzt, nach acht Jahren wiegt es mit kleinem Schädel noch immer 520 Gramm".

„Und wie kommst du zu der Trophäe?" wollten die Freunde wissen.

„Der Schorsch ist vor zwei Jahren gestorben. Beim Ausräumen der Wohnung hat sein Sohn hinter dem Trophäenschild einen Zettel gefunden: „Nach meinem Tode dem Dieter übergeben!"

„Und gestern habe ich es geholt".

Die Geschichte des Kapitalen ging nach ein paar Jahren ganz zu Ende:

Mein Bruder hatte einen Jagdfreund, der durch Ehescheidung und finanziellen Zusammenbruch völlig verarmt war. Der kam eines

Tages zu ihm, beklagte sein Schicksal, dass ihm nicht einmal seine Jagdtrophäen geblieben seien. Und seine Bitte war:

„Hast du mir nicht ein Rehgwichtl, das du entbehren kannst? Ich habe nichts mehr in meiner Kammer, was mich an die Jagd erinnert".

Und mein Bruder schenkte ihm das Kapitalgehörn. Er fand, es hätte ihm auch nicht gehören sollen.

Habent sua fata libelli. Bücher haben ihre Schicksale. Das kann man auch von manchen Trophäen sagen.

V.

Es war Frühsommer, wir wollten nach kurzer Nacht und frühem Ansitz noch ein wenig Schlaf nachholen, da weckte uns lästiges Gehupe vor der Hütte. Wer wagt es…? Ein fremder, nagelneuer Geländewagen einer englischen Marke stand vor der Hütte – der war uns unbekannt. Heraus aber sprang mit fröhlichem Winken unser junger Jagdfreund Hansl. Nanu, wie kommt der zu solch einer tollen Kiste?

Strahlend tobte er wie ein Gams die steile Treppe herauf. „Setzt euch, setzt euch! Hockt's euch hin!", rief er atemlos, „ihr werdet's kaum glauben! Ich hab' euch viel zu erzählen."

Wir kannten ihn als bescheidenen Normalverdiener, der bisher mit einem Golf aufgekreuzt war. Sicher hatte er sich zur Gaudi mal so ein Luxusmobil ausgeliehen.

„Ja", keuchte er, „ich fang' am besten bei Adam und Eva an. Die Schwester meiner Mutter war eine versponnene Frau. Schon als Kind war sie der Indianerromantik verfallen. Ihr Freundeskreis, – sie nannten sich „Die letzten Mohikaner" – war eine verschworene Gemeinschaft mit Blutsbrüderschaft und so. Sie hielten ein Leben lang zusammen wie Pech und Schwefel und hatten geschworen, sich in aller Not, ohne Wenn und Aber zu helfen. Die Tante blieb nach dem Tod ihres sehr vermögenden Mannes verwitwet und einsam bei all ihrem ererbten Reichtum.

Damit wusste sie nichts anzufangen, und das Leben wurde ihr zur Last. Ihre Tage vergingen freudlos; vergraben in ihrer herrlichen Villa am Starnberger See, suchte sie nie die Gesellschaft Anderer. Ihr einziger Wunsch war, möglichst bald im Tode ihrem Mann nachzufolgen. Doch ihre Gesundheit war von Eisen. Da entsann sie sich eines ihrer Jugendfreunde, eines der „Mohikaner". Dieser war Schweizer Bürger und inzwischen wohlbestallter Arzt. Da in der Schweiz – wie sie erfahren hatte – Sterbehilfe erlaubt sei, bat sie ihn, sie von ihrem langweiligen, nutzlosen Leben zu befreien. Der Freund musste nun zu seinem Schwur stehen. Zuvor aber schickte er zwei Psychotherapeuten, welche die Freundin von ihrem Wunsch abbringen sollten. Vergeblich. Sie blieb bei ihrem Begehr, und schweren Herzens entschloss sich der Arzt zum letzten Freundesdienst. Strengstes Stillschweigen wurde vereinbart. Er kam, die Haustüre wurde versperrt, und bei einem letzten Glas Wein und leiser Musik gab ihr der Freund die tödliche Medizin. Als die Tante nur mehr schwach röchelte und sich blau verfärbte, läutete es an der Haustür. Die Putzfrau! Da niemand öffnete, hörte der Arzt den Schlüssel im Türschloss. Fluchtartig sprang er aus dem rückwärtigen Fenster und verließ eiligst die Republik.

Als die Zugehfrau die blau angelaufene Sterbende erblickte, rief sie sofort den Notarzt. Um es kurz zu machen, sie wurde in der Klinik in letzter Sekunde errettet. Wochenlang dauerte der Rückkehrprozess zum Leben. Dabei sah und erfuhr die Tante so Manches über Leben und Leid Anderer. Als sie wieder vollkommen genesen war, stellte sie ihr Dasein ganz in den Dienst Bedürftiger, pflegte und unterstützte so manche in Not Geratene.

Vorigen Monat ist sie – hoch betagt – sanft entschlafen und – stellt euch vor – sie hat mich zum Alleinerben gemacht.

Und das da drunten ist mein neues Auto!"

Loisei

Loisei

Burgi auf dem Sessel des Meisters

Blattzeit

Morgen im Moos

Der neugierige Jahrling

Der heimliche Platzbock

VI.

Bei einem der Hauptthemen der Jäger – nicht, wie Mancher denken mag, Weiberg'schichten – ging's um Hunde, genauer um Hunde der Profis, der Berufsjäger. Da konnte ich gut mithalten:
Einer der Berufsjäger in unserem Allgäuer Hochgebirgsrevier begann seinen Dienst noch ohne Hund. Da ich mit meinem Schweißhund nur zeitweilig verfügbar war, beschloss der Hauptpächter, dem Jäger Martin einen Hund zu kaufen. Leider geriet er an einen schlechten Ratgeber. Ein Oberstdorfer Berufsjäger riet zu einem Großen Münsterländer. Das, so hieß es, wäre der einzig richtige Hund für ein Hochgebirgsrevier mit Rot-, Gams- und Rehwild. Und was so ein staatlich geprüfter „Guru" sagt, das muss wohl auch richtig sein.

Als ich dann das Produkt dieser „Schnapsidee" sah, durfte ich mir nur still meinen Teil denken, denn ein „Nichteinheimischer" kann in so einem Fall niemals Recht, sondern nur keine Ahnung haben.

Die kleine Hündin „Gitta", die viel besser in ein Niederwildrevier gepasst hätte, wuchs prächtig heran und wurde auch stets auf die Pirsch mitgenommen.

Der „Fachmann" hatte aber eine Zeitbombe gelegt, und zwar in Gestalt der Rute der Hündin, der schneeweißen Fahne. Es war, als würde jemand ständig mit einem weißen Tuch winken. Man liest doch manchmal, wie ein missgünstiger Begleiter hinter dem Rücken des Jägers mit weißem Taschentuch winkend, das Wild verscheucht. Nun, der „Verscheucher" ging hier stets brav bei Fuß mit, und Hirsch und Gams flüchteten beim Erscheinen des Gespanns schneller als sieben Teufel.

Großes Kratzen der weisen Häupter. Der Martin klagte uns sein Leid und fragte um Rat. Meine Frau wusste Rettung. Färben! Die weiße Fahne schwarz färben. Anderntags erschien der Martin ganz niedergeschlagen – seine Frau hatte es verboten. Doch der Jagdherr sprach ein Machtwort: „Entweder Färben oder der Hund muss weg!" Also besorgte meine Frau aus der Drogerie ein

Färbemittel für besonders schöne schwarze Haare: „Spanish blue". Die Rute wurde damit eingestrichen und für eine Stunde in Alu-Folie gepackt. Die Wartezeit überbrückte die gespannte Korona mit tröstendem Bier. Dann wurde die Folie entfernt, die Fahne von überschüssigen Farbresten ausgewaschen – fertig. Es sah ganz natürlich aus. Nur das Nachspiel daheim fiel für den armen Jäger unnatürlich hart aus. Die Eheliebste watschte ihn ab! Und meine Frau wurde von ihr hinfort mit kalter Verachtung gestraft.

Unser anderer Berufsjäger, der Bernd, war in meinen Augen der beste Wildkenner, den ich mir denken kann. Mit einfühlsamem Gespür wusste er über so gut wie alles in dem Riesenrevier. Er liebte all sein Wild, alle Tiere, besonders ergeben aber seine Hunde. Und das brachte für ihn so manches Problem. Er war zu nachsichtig. Sie durften gar alles. Die absolute Steigerung war sein Steirischer Rauhaarrüde „Grolli". Zwischen ihm und unserer BGS-Hündin „Silva" bestand eine rührende Hundefreundschaft. Waren wir nach tagelanger Abwesenheit im Jagdhaus angekommen, setzte sich die Hündin erwartungsfroh ans Fenster. Nach wenigen Minuten, wie auf ein geheimes Signal, kam ihr Freund „Grolli" vom etwa 600 m entfernten Haus des Jägers dahergeschwanzelt. Freudige Begrüßung. Er durfte sogar aus ihrer Schüssel fressen, nur zwei Dinge waren tabu: Ihr Körbchen und der Zutritt zu unserem Schlafzimmer. Da bekam er die blitzweißen Zähne der Freundin zu sehen. Er war ein ausgesprochener Kopfhund, der wissen wollte, wer der wahre Herr ist. Und das fand er ziemlich schnell heraus, das war er selber.

Als der heißgeliebte Grolli, der Pubertät entwachsen, sich seiner Führungsposition bewusst geworden war, durfte der Bernd nur gegen Bestechung in seinen Geländewagen zu seinem Hund einsteigen, weil Meister Grolli es sich bereits auf dem Fahrersitz bequem gemacht hatte. Wollte er nun zusteigen, um wegzufahren, dann verteidigte der Rüde mit gefletschten Zähnen sein Auto. Er hatte auch schon mal heftig zugebissen. Man erzählte mir, schadenfroh grinsend, von einer peinlichen Situation, wie der Jäger den Wagen stehen lassen musste und kilometerweit zu Fuß heim marschierte, um „Bestechung" zu holen. So hatte der Bernd ständig irgendwelche „Beindies" (Knochen) mit sich zu führen. Kleine Leckerli schluckte der Lump schnell hinunter, das war zu wenig, die waren gleich weg, und dann ging's wieder von vorn los. Es musste schon mindestens ein dauerhafter Kauknochen sein. Doch das Allerschönste – der Bernd hat's mir einmal nach etlichen Bieren, verlegen kichernd, gestanden – spielte sich im heimischen Schlafzimmer ab. Der Grolli versteckte nämlich seine Knochen im Bett des Jägers. Das waren aber nicht etwa Kauknochen aus getrockneter Rinderhaut, wie man sie für unsere Freunde kaufen kann, sondern schön langsam in der guten Allgäuer Heimaterde aasig gereifte Wildknochen. Die gab's überreichlich beim Zerwirken, und den Überschuss vergrub der brave Hund erstmal und holte sich – quasi zum Dessert – ab und zu einen Knochen aus dem erdigen Depot. Den duftigen Rest vergrub er dann im Bette des Herrn. Wollte der sich, erschöpft von der Pirsch, in die Falle hauen, dann lauerte dort mit gebleckten Zähnen der liebe Hund und verteidigte seine Schätze. Oftmals, so berichtete mir schamvoll der Jäger, musste er dann im Wohnzimmer auf dem Bugrat – wie das Sofa im Allgäu heißt – sein müdes Gebein zusammenfalten.

VII.

Ein besonders lustiger und listiger Weidkamerad war der Robert. Stets hatte er eine amüsante Geschichte auf Lager. Die allerschönste war die von seinem jagdnarrischen Großvater. Als dieser, schon über das neunte Jahrzehnt hinaus, immer noch wie der Teufel hinter den Rehböcken her war, wollte seine Familie, der die Eigenjagd gehörte, den wilden Greis schön langsam ausbremsen. Nicht aus Missgunst, sondern in Sorge, er könne doch mal in der Einsamkeit des Waldes verunglücken, wenn er auf die hohen Ansitzleitern hinaufkraxelte.

Da keine Ermahnungen angenommen wurden, schritt man zur Selbsthilfe. Es wurden einfach ein paar untere Sprossen der Leitern herausgenommen. Dadurch musste der Alte entweder auf einem Ansitzstuhl hocken oder mit den Bodensitzen vorlieb nehmen. Doch in jenem Jahr, der Opa hatte gerade seinen 95. Geburtstag gefeiert, da entdeckte er einen wahren Kapitalbock. Zeit dazu hatte er ja, denn er saß halt stundenlang still wie eine Spinne auf seinem Jagdstuhl dort, wo er mit seinem G'spür Wild vermutete. Und so entdeckte er den besagten Rehbock. Leider direkt an der Grenze. Unseren Robert, der mit seinen damals 14 Jahren noch keinen Jagdschein hatte, forderte er zur Geheimhaltung und Hilfeleistung auf. Sie beide würden entlang der Grenze, über die der Wechsel des Kapitalen führte, alle 20 m hinbieseln. Gesagt getan, die Grenze war verstänkert.

Jetzt aber wollte der Robert den Bock auch einmal anschauen!

An einem schönen Sommermorgen schnappte er sich den Repetierer seines Vaters und schlich hinaus zum Ansitz. Bloß einmal den Bock anschauen! Der kam programmgemäß. Robert hob vorsichtig die Büchse – bloß einmal über Kimme und Korn anschauen! „Rumms!" Wie von selber löste sich der Schuss, und der Kapitale lag im Grase. „Teifi, Teifi, was tu ich jetzt?" Lebendig wurde der Bock nicht mehr, da gab's nur die Flucht nach vorn.

„Erst mal aufbrechen, dann wird mir schon was einfallen". Der Bub brach ihn auf und hing ihn vorerst in die nahe Dickung. Daheim hatte zum Glück niemand den Schuss vernommen, heimlich stellte er das Gewehr zurück. Es gab keine dummen Fragen.

Die nächste große Klippe war der Opa. Mit viel List und Tücke überredete er den Alten, dass er ebenfalls auf den Bock ansitzen dürfe, und wenn der käme, auch schießen dürfe. Der Großvater lachte nur über den g'spinnerten Grünschnabel.

„Was buid's d'n dir da ei? Du dad'st 'n ja net amoi treffa!"

„Geh Opa, lass mir hoid a kloane Schangs!"

Und der liebe Alte sagte ja.

Gleich am Abend zogen die beiden los. Der Großvater nahm seinen alten Ansitzplatz ein, während sich der Robert 100 m weiter in der Nähe der Dickung auf den Boden hockte. Nach einer Stunde meinte er, es sei nun genug Zeit verstrichen, hob die Büchse und schoss „peng-bumm" in die Luft. Damit's auch echt wirkte, ließ er darauf auch einen kräftigen Freudenjuchzer in die Abendstille. Den Bock – die Totenstarre war bereits gewichen – nahm er vom Baum und buckelte sich die Beute auf. Den Opa traf beinahe der Schlag.

„Ja du Saubua, jetzt putzt der mir den guadn Bock vor der Nas'n weg!"

Aber er musste nun, ob er wollte oder nicht, gute Miene zum bösen Spiel machen und dem Saubuam auch noch Weidmannsheil wünschen.

„Später", sagte der Robert, „hat's mir natürlich furchtbar Leid getan, dem alten Herrn den Kapitalen weg zu zwicken, er hätt' ihn sicher narrisch g'freut, denn er ist auch heut' noch einer meiner Besten. Doch wenn man jung ist und voller Jagdleidenschaft, da sieht man das halt anders".

Dem Opa hat er den wahren Sachverhalt nie gestanden, obwohl dieser noch lange lebte. Doch der Vater, dem man erst erzählt hatte, der Großvater hätte geschossen, hatte schwer mit den Augen gerollt, als er ihm in späteren Jahren dieses Lumpenstückl gebeichtet hatte.

VIII.

Abschließend noch eine kleine Begegnung vor der Hütte:

Meine Frau kommt von einem Spaziergang zurück, an der Leine ihre schwarze Kurzhhaardackelhündin „Fini". Vor der Hütte begegnen ihr zwei alte Krauterer aus dem Dorf. Deren Sondermischung läuft frei voraus. Warnend ruft meine Frau dem einen mit dem großen Schäfer-Mischling zu:

„Halten's bitte Ihren Hund zurück, mein Dackelweiberl ist heiß!"

„A wos", sagt der Alte, „der is ja kastriert."

„Aber der weiß doch noch immer, wie's geht, wenn's auch jetzt nimmer geht!"

Und nach 10 Metern setzt sie noch eins drauf: „Genau wie bei Eahna!"

Verdutztes Schweigen. Die Männer gehen weiter. Doch als sie 50 m gegangen sind, fällt bei dem Alten das „Zehnerl".

„Aber i bin ja doch net kastriert!"

Nachsuche mit Nachspiel

Es dauert immer eine gewisse Zeit, bis es sich herumspricht, dass man einen guten Schweißhund hat. Dann geht's aber reihum, und es läutet das Telefon, auch wenn's einem so gar nicht in den Kram passt. Dem Hund passt es jedoch immer, und wenn meine BGS-Hündin Raika sieht, dass ich die Nachsuchenkluft anziehe und das dazu gehörige Zauberzeug einpacke, dann kennt ihre Freude keine Grenzen.

Neben den jagdlichen Erfahrungen, die einen jedesmal bereichern, lernt man zusätzlich einiges über seine Mitmenschen. Es entstehen Situationen, die einem klar und deutlich den Charakter der Beteiligten aufzeigen. Und manchmal sind es Begebenheiten, die einen noch nach Jahren schmunzeln lassen.

An einem strahlend schönen Sonntag im Frühsommer wollte ich gerade ein geruhsames, ausgedehntes Frühstück mit meinem Weibe genießen, als Freund Franz am Apparat war. Seine Jungjägerjahre hatte ich ratgebend begleitet, und seit einiger Zeit war er glücklicher Besitzer eines Erlaubnisscheins in einer bäuerlichen Jagd im Alpenvorland. Ich sage bewusst nicht „Bauernjagd", denn das könnte schon ein kleines Vorurteil in sich bergen. Der Pächter, eben ein Bauer, finanzierte seine Pacht durch Vergabe von entgeltlichen Begehungsscheinen. Leider, und das merkte ich bald, schaute er hauptsächlich auf die Euros und nicht so genau, von wem sie kamen. Freund Franz jedoch war ein tadelloser, weidgerechter und gewissenhafter Jäger geworden. Darum achtete er auch ein wenig auf die anderen Mitgänger und deshalb rief er mich an.

„Gerd, hoffentlich hast du Zeit zur Nachsuche, ein Kollege hier im Revier hat einen Rehbock angeschweißt, und ich bitte dich, zu kommen. Ich hol' dich ab. In einer halben Stunde, wenn's recht ist, bin ich bei dir."

Gemeinsam fuhren wir ins Revier. Es liegt idyllisch im Angesicht der Chiemgauer Berge und erinnert an Landschaftsbilder von Johann Sperl, den Malerfreund des großen Wilhelm Leibl. Sanfte Hügel, dazwischen moorige Birkenwäldchen und kleine Waldgruppen von Erle und Fichte. Auf der Fahrt klärte mich der Freund ein wenig über den Verursacher der Nachsuche auf. Dieser, ein erfolgreicher Geschäftsmann, hatte nun in reifen Jahren seine Liebe zur Jagd entdeckt. Franz fand, es wäre leichtsinnig vom Jagdpächter, den Mann allein, ohne jede vorhergegangene Praxis, mit gerade erstem Jagdschein auf das Wild loszulassen.

Schon von Weitem sah ich in einem Wiesengrund einen mächtigen Geländewagen stehen – groß wie ein Militärfahrzeug. Sein Name erinnerte mich jedoch mehr an ein köstliches Krustentier – ein „Hummer". An einem der riesigen Vorderreifen lehnte wartend der Schütze. Ein erlesen gekleideter Mensch, etwa Mitte der Sechzig, alles vom Feinsten, wie frisch aus dem Katalog. Hoffnungsvoll blickte er mir entgegen, wie einem Retter aus großen Nöten.

Nach kurzer Begrüßung kam ich zur Sache: „Wann, wo, wie?"

Am Vorabend hatte er im allerletzten Licht von jener Kanzel – er deutete zum diesseitigen Waldrand – einen Rehbock beschossen. Der Bock war im Troll zu einem gegenüber liegenden Waldstück gezogen und das „unverständige Tier" wollte, wie er sagte, „einfach nicht stehen bleiben". Er schoss mit Kal. 9,3 x 64 auf gut 200 m!! Und das auch noch auf ein flott ziehendes Wild. Ein Zeichnen sah er nicht, da der Mündungsblitz ihn geblendet hatte. Sofort war er zum Anschuss geeilt, aber in der Dunkelheit ließ sich der Bock trotz eifrigen Umhersuchens mit der Taschenlampe nicht finden. Von einem Pirschzeichen konnte er auch nichts berichten.

„Was war das für ein Bock?"

„Na eben ein Bock!"

„Soso, eben ein Bock. Wie weit sind Sie nachgegangen?"

„Nicht weit, nur bis zum Waldrand."

„Hatten Sie noch eine Zeitlang gewartet?"

„Nö, wieso auch, es war doch schon duster."

„Den Anschuss verbrochen?"

„Nö, wieso denn, ich dachte, der muss doch gleich da wo rumliegen."

Franz und ich, wir schauten uns nur vielsagend an. Als Hundeführer ist man ja verpflichtet, sich jeden Kommentars zu enthalten. Man ist dazu da, das angeschweißte Wild zu finden und eventuell zu erlösen. Und nicht zum Erziehen oder gar Kritisieren. Sonst holt einen keiner mehr, wenn man, was zuweilen sehr erleichternd wäre, aus seinem Herzen keine Mördergrube machen müsste.

Am frühen Morgen hatte ein weiterer Mitjäger noch mit einem jungen Labrador gesucht, aber der Hund wusste nicht so recht, was man von ihm wollte. Sie hatten im Wald umhergeschaut, die Sache nach einer halben Stunde abgebrochen und dann Freund Franz angerufen, der immer einen guten Rat weiß.

Am Anschuss, oder was der Schütze dafür hielt, war außer weiträumig platt getrampelter Gründüngung rein gar nichts zu sehen. Ich wies ihn an, zurückzubleiben, auf keinen Fall auf irgendetwas zu schießen. Den Franz bat ich, mir als Revierkundiger zu folgen. Dann gab ich meiner Raika, die sich in aller Ruhe meine vergebliche Anschuss-Sucherei angeschaut hatte, den ganzen Riemen und ließ sie mit „Such verwundt!" vorsuchen. Gemächlich ging's voran und bald hinein in den Wald, zu dem der Bock hingestrebt hatte. Gleich innerhalb der ersten Bäume, in einem kleinen Graben, zeigte die Hündin mir ein kaltes Wundbett. Aus dem hatte der Schütze den Bock gestern Abend offenbar hochgemacht. Und hier zeigte mir die Hündin auch den ersten spärlichen Schweiß. Waidwundschweiß. Es ging durch das Gehölz, durch hüfthohe Brombeerverhaue, was Herr und Hund gar nicht schätzen. Durch Umschlagen kamen wir aber immer wieder auf die Wundfährte. Bestätigung hatten wir keine mehr, ich verließ mich ganz auf meine erfahrene Raika, die sicher im Riemen hing. Nach etwa 300 m, wir waren kurz vor dem jenseitigen Waldrand, da wurde der Riemen schlaff und wir standen vor dem längst verendeten Bock. Die Kugel saß ziemlich weit hinten, und der Ausschuss war durch ausgetretenes Gescheide verstopft. Vom Schlegel hatte sich Meister Reineke bereits ein schönes Frühstück geholt.

Die Hündin wurde ausgiebig gelobt und durfte nun frei laufen. Franz und ich nahmen den Bock, einen geringen Gabler, auf. Wir marschierten über eine frisch gemähte Wiese, zurück zum Schützen, zum Hummer und unserem Auto. Dabei bat ich den Freund, er möge bei nächster Gelegenheit dem Kollegen ein wenig die Leviten lesen, von wegen Flüchtigschießen und auch noch auf diese Entfernung.

Die frei laufende Hündin galoppierte in weiten Bögen über die stoppelige Wiese und schnappte immer wieder nach Grashalmen – wie ich dachte.

Der Schütze nahm ein wenig bedrückt seinen aufgeblähten, säuerlich duftenden Rehbock in Empfang. War doch der Abschuss mit der Übernahme des Wildbrets verbunden. Franz überreichte ihm den Bruch für seinen ersten Bock und wies ihn auf den Brauch hin, dass er dem Schweißhund einen Teil davon geben müsse. Auch dem Erlegten wäre er den Letzten Bissen schuldig.

Vorsichtig fragte er den Schützen: „Findest du nicht, dass das ein bissl zu weit war für die dicke Pille?"

„Nö, nö," war die Antwort, „ach Quatsch, ich hab' doch 'n tolles Glas auf der Waffe!"

Da muss der Franz noch nacharbeiten!

Was das Aufbrechen durch den Erleger anbetrifft – darüber möchte ich lieber schweigen. Der mitleidige Franz nahm sich dann der Sache an, das spricht für sein gutes Herz.

Es wäre mir lieb gewesen, wenn der Freund mich nun wieder heimgefahren hätte, aber der frischgebackene Jäger wollte sich dankbar erweisen und bat uns, ihm zu seiner Behausung zu folgen. Dort wollte er mit einer kleinen Brotzeit seine

Dankesschuld begleichen. Es war halt sein „Erster", da mochte ich kein Spielverderber sein, und so sagten wir zu.

In der nahen Kreisstadt hielten wir vor einer sehr gepflegten Villa. Der Hausherr bat uns hinein. Als er sah, dass ich meinen Hund mitnahm, runzelte er die Stirn und protestierte mit einer entschiedenen Handbewegung:

„Nö, nö, lieber Herr! Den Hund lassen Sie man schön draußen!"

„Na gut, dann bleibe auch ich draußen."

Es war brütend heiß geworden, da musste er meinem Einspruch wohl oder übel zustimmen. Er merkte meine wütende Entschlossenheit, denn meinen Hund bei der Hitze und ohne Schatten im Auto zu lassen, das war für mich geradezu absurd.

Unwillig knurrte er: „Na schön, wenn's denn unbedingt sein muss, dann nehmen Sie den Hund ausnahmsweise mit. Zum Glück ist meine Frau heute Vormittag außer Haus, sie mag nämlich keine Hundeviecher, und schon gar nicht in unserer Wohnung. Wenn sie das sähe, ach du liebe Zeit, dann wär' der Teufel los, da gäb's Feuer unterm Dach. Nicht auszudenken, was dann wäre."

Das war wieder kein Pluspunkt für eine Freundesbeziehung. Sie werden es sicher kennen, wenn man einen „dicken Hals" kriegt.

Einem Jäger, der kein Hundemann, oder zumindest Hundefreund ist, begegne ich mit einer gewissen Reserve, mag er auch Wände voller Trophäen aus aller Welt haben. Gewiss, es gibt Umstände der Wohnung oder des Berufs, die keine Hundehaltung erlauben. Aber – nichts für ungut – ist das noch Jagd, wo die älteste Symbiose zwischen Tier und Mensch abgerissen ist?

Die Typen wie dieser Jagdscheinbesitzer sind für mich gleichzusetzen mit jenen Menschen, welche die Hunde als unreine Geschöpfe zutiefst verachten; wenn jedoch etwa verschüttete Erdbebenopfer zu suchen sind, dann ruft man hilfesuchend nach ihnen, dann sind sie schon recht. Meine bislang ein wenig strapazierte Selbstbeherrschung fühlte ich langsam schwinden.

Wir wurden in ein prachtvoll ausgestattetes Wohnzimmer geführt. Den Boden bedeckte ein edler, weißgrundiger Chinateppich mit schönen Blumenmustern. Der Herr des Hauses gab seiner Haushälterin Anweisungen, was sie uns auftischen sollte. Die Hündin, neben meinem Polstersessel abgelegt, streckte sich wohlig auf dem flauschigen Untergrund aus. Gerade als er uns ein kühles Weizenbier einschenkte, erhob sich die Raika, wankte bis zur Mitte des Raumes, pumpte kurz und heftig und erbrach eine graubraune Masse auf den weißen Teppich. Ehe ich hinzuspringen konnte, war es schon geschehen.

Ach, du heiliger Strohsack! Was war denn das? Ich hatte sie doch am Morgen noch gar nicht gefüttert. Und da sah ich die Bescherung. Anstatt, wie ich glaubte, auf der frisch gemähten Wiese Gras zu fressen, was sie manchmal tat, hatte sie die vermähten Mäuse hineingeschlungen. Da waren sie wieder heraußen, ganze, halbierte, drei, sechs, zehn, weit mehr als ein Dutzend.

Der Hausherr sprang entsetzt auf, kreischte händeringend nach Eimer, Wasser, Lappen – und im gleichen Augenblick – o Schreck, o Graus, betrat seine verfrüht heimgekehrte, gestrenge Frau wie eine flammenspeiende Rachegöttin die Bühne. (Zauberflöte, 2. Akt: „Der Hölle Rache kocht in meinem Herzen".) Mit in die Hüften gestemmten Fäusten stand sie da, überblickte kurz das Geschehen und dann brach das Unwetter über uns herein.

Was weiterhin geschah, dazu fällt mir nur Wilhelm Busch ein: „Ach das war mal eine schöne, rührende Familienszene".

Franz, Raika und ich flohen. Weizenbier und Mäuse blieben zurück. Als wir wieder draußen standen, waren wir froh, dem drinnen tosenden Inferno heil entkommen zu sein. Deutlich waren schrille Worte: „Hund! Hund in meinem Haus! Jäger! Blöde Jagd! Hausverbot!" zu hören. Haben Sie schon einmal das Gekreisch von Katzen in der Maiennacht gehört? So ähnlich klang das.

Mir tat der Mann mit seiner gestörten Bockfeier ein wenig Leid. Auch war mir die Sache an sich recht peinlich. Im Auto grinsten wir uns dennoch wie die bösen Buben an. Unsere Gefühle hatten bei aller Scham einen kleinen Rest von Schadenfreude.

Kann man uns deswegen verurteilen?

Der Regenmacher

Regen, Regen – Regen, Regen, Regen. So könnte ich fortfahren, Zeile für Zeile, einen ganzen langen Absatz. Das wäre genauso eintönig, wie es hier seit Tagen vor sich hin plätschert. Mit schöner Regelmäßigkeit, wenn ich ins Allgäu zu meinem Freund zur Jagd komme, verdüstern nach sonnigen Tagen graue Wolken den Himmel und – siehe oben. Wäre er Häuptling eines Volkes in der Trockenzone Afrikas, er könnte sich alle Kosten für Medizinmann, Regenbeschwörer und dessen rituelle Tänze sparen. Ein Anruf bei mir genügt – ich komme – und es regnet. Verlässlich. Und auch noch kostenlos.

An und für sich schätze ich es, bei Regen gut überdacht vor mich hin zu sinnen. Da stören keine mit Wanderstöcken klappernde, meist weibliche, laut vor sich hin schwatzende Spaziergängerschwärme. Bei der Gelegenheit bewundere ich stets die geschickten Werbestrategen, die der Menschheit eingeredet haben, nur mit Teleskop-Stöcken lässt's sich richtig „walken", alles Andere hat keinen gesundheitlichen „Nährwert".

Hier im Bergrevier, auf etwa 1.500 m Höhe, stört selten ein einsamer Wanderer. Die Julihitze hat bei meinem Auftauchen programmgemäß ein still dahinrauschender Dauerregen gelöscht. Im Berg liebe ich es, an meinen Lieblingsplätzen am Boden zu hocken, aber bei diesem Segen von oben bin ich für ein Kanzeldach dankbar. Heute jedoch ist es auch hier höchst ungemütlich. Der Einstieg liegt an der Südseite, und genau von da her prasselt in peitschenden Böen der nasse Segen waagrecht auf meine nackten Knie.

Ausgerechnet heute habe ich meine alte Schweißhündin Raika mit hinauf genommen. Hätte ich sie nur im Wagen gelassen! So aber decke ich sie mit meinem Lodenkotzen zu. Wenn schon der Herr so narrisch ist und bei diesem Sauwetter ansitzen will, so soll die Brave nicht darunter leiden.

Der Hochstand knarzt und ächzt bedenklich unter den heftigen Sturmböen. Da kann ja nichts kommen! Wäre ich ein Reh oder ein Stück Hochwild, denen es heute gilt – ich bliebe schön in meinem Einstand. Ein schwacher Schmalspießer, ein Schmaltier oder ein passender Rehbock – die Auswahl ist groß. Zudem hatte mir der Freund einen alten, recht heimlichen Abnormen beschrieben, der hier seinen Einstand haben soll. Doch jetzt schon abbaumen? Jetzt, wo ich mich so schön „häuslich" eingerichtet habe? Ich will noch ein wenig ausharren. Nichts zeigt sich auf den Blößen im weiten Ausblick. Schon macht mir ein näher kommendes Donnergrollen die Sache ungemütlich. Und gefährlich schnell rollt es über die Berge heran. Also packe ich zusammen, trage die Hündin hinunter. Kalt prasselnde Regenwucht jagt mich vom Berg. Schon fährt in den reißenden Donner das Blaufeuer. Rauschende Wasserströme stürzen gurgelnd in den Rinnen und kleinen Gräben zu Tal. Beim Auto angelangt, sind wir beide nass wie die Schermäuse. Die Lederhose wird tagelang zum Trocknen brauchen!

Bis zum Abend wird sich's wohl ausgetobt haben – so hoffe ich. Und siehe da: Irgendwann ist denen da droben der Stoff ausgegangen. Strauch und Baum triefen noch vor Nässe, als ich voller Erwartung nach dem Dauerregen leise zu meiner Kanzel pirsche. Doch als ich in der Nähe meines Ziels angelangt bin, bleibt mir vor Schreck der Mund offen. Direkt, knapp drei Meter neben dem Hochstand hat der Blitz eine Fichte zerspellt. Sie ist regelrecht explodiert. Wenn wir da noch droben gesessen wären – der Donnerschlag wäre uns sicher nicht gut bekommen. Vielleicht hätte auch noch der Stahl der Büchse zusätzliche Anziehungskraft ausgeübt. Aber jetzt hat sich das Unwetter verzogen, die Kanzel ist zum Glück heil geblieben, und der Abend verspricht – nach tagelanger Wäsche – zumindest guten Anblick. Der Föhn hat den Regen besiegt. Spinnwebfeine, lang gezogene Federwolken am blitzblauen Himmel. Heißer Wind von Süd fährt über die Höhen. So schnell kann im Berg das Wetter umspringen.

Die Hündin kann diesmal unter der Leiter bleiben, auf dem Wetterfleck mache ich ihr ein bequemes Lager. Sie ist nun alt, hat mich bei allen Nachsuchen nie im Stich gelassen und soll noch lange Zeit ein gutes Leben haben.

Rechter Hand vor mir ist ein stubenhoher Jungwuchs von Lärche und Fichte, der zum Berg hin ansteigt. Unterhalb meiner Kanzel kann ich in den weiträumigen Hochwald mit Himbeerschlägen und Heidelbeerflächen hinabschauen. Noch nicht lange sitze ich, da zieht ein brandrotes Schmalreh aus dem Jungwald. Es äst sich langsam bergauf, und ich fürchte schon, dass es in meinen Wind kommt, der immer noch bergwärts zieht. Und da ist es auch schon passiert. Kurz wirft es auf, nimmt mit hohem Windfang Wittrung, springt in panischer Flucht zurück, und dann beginnt eine Schimpfkanonade, dass es im Dom des Hochwaldes widerhallt. Und jetzt mischt sich in das Jungfern-Solo eine kernige Bassstimme – sicher ist's der erhoffte Bock. Kruzitürken noch einmal! Die zwei können sich gar nimmer beruhigen. Noch von weit unterhalb aus einem der dortigen Gräben höre ich ihren Protest. Na, das war ja schon mal ein „schöner" Anfang!

Irgendwie ist mir der Platz nun verdorben, mein Gefühl zieht mich hier weg. So steigen wir über den gewundenen Steig weiter den Berg hinan. Die regenschweren Zweige des Gesträuchs, die über den schmalen Pfad hängen, stören mich nicht, von meiner langen Hose perlt das Wasser ab. Eine Halbstunde weiter oben weiß ich einen verlockenden Platz unter einer mehrhundertjährigen Weißtanne. Hier habe ich guten Ausblick in die Schläge ringsum und die Windwurfflächen unterhalb, wo vor etlichen Jahren zwei Orkane ganze Berghänge kahl gefegt haben. Hier ist gut hocken, und allein der Anblick der Berge ringsum wäre schon genug des Genusses. Lange brauche ich nicht zu warten, da wechseln drei Feisthirsche in den Schlag. Ein Achter, ein Kronenzehner und ein mittelalter Vierzehnender; alle noch mit bastsamtigen Geweihen. Einträchtig äsend ziehen sie langsam bergan. Eine Fuchsfäh' taucht zwischen den Alpenrosenstauden auf. Mit dem Fang voller Mäuse trabt sie zu ihrem Geheck. Hier im Berg mit seinem langen Winter ist wohl auch die Aufzucht später als draußen im Unterland. Gern hat man die Füchse hier nicht – mitten im Auer- und Birkwildgebiet. Doch ein Muttertier ist tabu. Weit oben am Kamm des Bergrückens ziehen Gams. Offenbar ein kleines Bockrudel. Die Geißen sind sicher mit ihren Kitzen jenseits des Grates in kleinen Scharln beisammen. Wie ich so versuche, mir mit dem Spektiv Klarheit über die Gams da oben zu verschaffen, blinkt mich im Augenwinkel etwas Fahlbraunes an. Da schau her! Ein Gamsjahrling. Keine fünfzig Meter entfernt ist er aufgetaucht. Genäschig zieht er sich Blatt für Blatt von den Himbeerstauden in den Äser. Den müsste ich jetzt eigentlich erlegen. Hier ist nämlich eine Sanierungsfläche mit Sonder-Ausnahme-Regelung der Schon- und Schusszeiten. Da dürfte jeder hemmungslos jedem Gams, ob jung, ob alt jederzeit den Garaus machen. Ich beschließe aber, dass ich ihn nicht gesehen habe. Ich werde auch niemandem erzählen, dass hier so ein Schädling sein Unwesen treibt. Wenn ich mir den Schlag mit seinen Aufforstungen anschaue – und ich kenne ihn noch vor der Neubepflanzung –, dann muss ich sagen, dass der Wald hier wieder prachtvoll hochkommt; samt der Laubbäume und samt des Wildes. Wenn die Ämter es anordnen, dann fühlen sich die Befehlsempfänger schuldlos. Wie heißt das schöne Wort: „Weisungsgebunden". Das hatten wir doch schon mal! Im Frühsommer hatte ein das Revier begehender Förster hier im Schlag einen Gams gesehen, der an den jungen Bergahornen äste. Der Forstdirektor bekam daraufhin den wutroten Veitstanz. Alle Pflanzarbeiten seien umsonst; bald wäre alles wieder öd und kahl gefressen von diesen Untieren!

Die rebellischen Gedanken verfliegen, es ist zu schön hier heroben. Die Schnaken sind erwacht, stechend fein singen sie um meine Ohren. Warum singen sie nur immer um die Ohren? Haben die das süßeste Blut?

Das letzte Sonnengold lässt die Schatten wachsen, und die Kühle des Abends sinkt vom Bergkamm herab. Wir bleiben noch lange hier an diesem Platz; der Abstieg ist nicht weiter schwierig, den finden wir auch im späten Dämmern. Als ich gerade das Spektiv zusammenschieben will, um so langsam den Heimweg anzutreten, zieht genau da, woher die drei Hirsche kamen, ein weiteres Stück Rotwild heraus. Das Licht reicht kaum noch aus, doch das Fernrohr zeigt mir einen Schmalspießer. Es ist nicht allzu weit dort hinüber, vielleicht knapp 150 m. Aber mir ist es einfach schon zu finster für einen sicheren Schuss; vor allem, was sehe ich noch nach dem Mündungsblitz? Nein, Friede sei mir dir, mein Spießerle! Da fällt mir ein Zitat des großen Friedrich v. Gagern ein: „Schießen ist leichter gelernt als treffen; treffen leichter als weidwerken, und weidwerken heißt Alles in Allem: Sich beherrschen". Könnte doch dieser Ausspruch all jenen in Gedanken erscheinen, die sich hemmungslos und vielleicht auch allzu gern dem Druck der Abschusszahlen ergeben haben. Die total verdrängen, dass es sich um Mitgeschöpfe handelt, die Fairness verdienen. Da wird die viel berufene, ach so gern und oft zitierte Weidgerechtigkeit ganz geschwind vergessen. Als Nachsuchenführer weiß ich von dermaßen späten Schüssen auf Rotwild, dass sie nur mit Hilfe von Kunstlicht abgegeben sein konnten. Da soll der Hund die Schweinerei ausbügeln, und der Schweißhundführer muss auch noch den Mund halten, sonst holt ihn niemand mehr. „Ja mei", heißt es „wir müssen ja noch so viel schießen!" Und dann finden wir am Ende der Nachsuche den dunklen Batzen, auf den man in der Nacht geschossen hat – oftmals das Grundverkehrte. Da bringe ich das Wort „Weidmanns-heil" nicht mehr über die Lippen.

Schluss jetzt damit! Der friedliche Abend ist dafür zu schade, als dass ich noch länger den negativen Erinnerungen nachhänge. Langsam steige ich zu Tal, verhalte mitunter den Schritt, um den Ausblick auf die im Dunkel verschwimmenden Gipfel zu genießen und den jungen Käuzen zu lauschen, die im Hochwald hungrig nach Atzung gieren.

Heute haben wir nichts erlegt, aber war dies das alleinige Ziel? Der Weg war mir immer das Entscheidende. Je beschwerlicher der Weg, desto lohnender war letztendlich die „Reise". Ich vergleiche das mit einer Bergbesteigung per Seilbahn oder zu Fuß. Was erlebe ich beim langen Aufstieg, oder was erlebe ich beim schnellen Transport per Gondel? Cramer-Klett hat es in treffende Worte gefasst: „ Das Beste ist nicht die Trophäe, ist nicht einmal der Schuss. Aber wozu davon reden. Die es nicht wissen, sind ohnehin davon ausgeschlossen."

Anderntags, noch im Dunkel der scheidenden Nacht, sind wir – Herr und Hund – wieder auf unserem Steig. Im Tal lagert wie ein riesiger See der weiße Nebel. Die schmale Sichel des schwindenden Mondes hängt tief im Westen. Es ist noch reichlich finster, und so fährt mir ein gehöriger Schreck durchs Gebein, als mit donnerndem Schwingenschlag ein Auerhahn kurz vor meinen Füßen abreitet. Bis wir leise unseren Platz vom Vorabend erstiegen haben, hat das Licht des neuen Tages den Sieg über die Dunkelheit errungen. Ein erster Rundblick zeigt wieder die drei Feisthirsche von gestern. Heute stehen sie weiter oben im Berg. Langsam sind auch die Drosseln mit ihrem Gesang erwacht. Nicht mehr lange, dann werden sie für dieses Jahr verschweigen. Immer wieder wandert das Glas ans Auge, noch hat der junge Tag die Leuchtkraft der Farben nicht erweckt. Wie ich so umher suche, bleibt mein Blick an einem dunklen Fleck hängen: Der war doch grad noch nicht da! Und schon ist er wieder hinter einer kleinen Fichtengruppe verschwunden. Spektiv heraus! Irgendwann wird das Wild schon wieder erscheinen. Der Tag ist jung, und ich habe alle Zeit der Welt. Die drei Hirsche haben sich weiter geäst zum Tageseinstand in einer großen Fichtenjugend. Mein Versteck-Spieler hat sich wohl niedergetan. Doch er kann mir nicht entgehen, der Fichtenschopf – hier im Allgäu sagt man „ein Schachen oder besser noch, ein Schächele", in dem er steckt, ist nicht allzu groß. Derweil ist es voller Tag geworden, die Sonne erleuchtet schon den gegenüber liegenden Berghang, während meine Seite noch im Schatten liegt.

Plötzlich ist da drüben im Gegenhang der Verschwundene aufgetaucht. Bevor der Hang zum Gipfel des Berges ansteigt, liegt in
der Entfernung von etwa 150 m wie ein Riegel ein schmaler, von
Himbeerstauden bewachsener Rücken davor. Unbemerkt ist er da
hinaufgezogen. Erst das Glas und dann zeigt mir auch das Spektiv
einen Schmalspießer; gewiss der von gestern Abend. Ganz kurze
Baststumpen hat er schon geschoben. Der passt! Ohne Eile greife
ich zur Kipplaufbüchse und streiche am Bergstecken an. In dem
Moment, kurz bevor ich den Abzug berühren kann, sehe ich ihn
das Haupt heben, Wind holen und es reißt ihn herum. In panischer
Flucht prescht er zurück, dorthin, wo er am Vorabend
herausgezogen kam. Was geht hier vor? Was ist da los? Der Wind
ist doch für mich absolut sauber, er zieht bereits bergauf, und
zwischen uns liegt zudem noch ein etwa 50 m tiefer Graben.
Schrecklaute verraten seine Entrüstung. Seltsam. Hier sind doch
keine Wanderer. Deren Steig liegt auf der anderen Bergseite. Das
kann es nicht sein. Noch sind die Heidelbeeren nicht reif, noch
gibt's keine Schwammerlsucher. Vielleicht ein Fuchs oder ein
rumorender Dachs? Fort ist er, den ich schon als sichere Beute
gesehen habe. Wie oft habe ich schon ein Wild in Gedanken
bereits im Rucksack gehabt? Zwischen Lipp' und Kelchesrand…
Wir Jäger kennen das ja.

   Da sehe ich in den Himbeerstauden Bewegung. Die langen
Gerten schwanken und schaukeln. Also sicher ein nach Fraß
suchender Dachs. Langsam kommt die Bewegung näher, heraus
aus den Himbeeren. Da packt's mich wie ein Schock. Eine Sau!
Es ist keine Sinnestäuschung. Hier auf fast 1.500 m Höhe, fernab
von allen landwirtschaftlichen Verlockungen. Im Oberallgäu
gibt's noch keinen Mais, nur saftige Wiesen, und die sind weit
drunten im Tal. Jetzt sind sie also auch hier oben angekommen.
Es ist ein Überläufer. Noch steht er nicht frei. Die gestochene
Büchse ruht wie festgeschraubt am Bergstecken. Das Fadenkreuz
wandert mit. Immer noch sind mir da zu viele Stauden davor.
Doch jetzt zeigt er, sekundenkurz mit erhobenem Kopf verhoffend,
das Blatt. Die Kugel peitscht hinaus, die Sau flüchtet über den

Grat und ist nach dreißig Gängen jenseitig verschwunden. „Puh!"
Das war wirklich unvermutet. Ein Schusszeichen habe ich nicht
erkennen können. Nichts Besonderes bei Sauen. Jetzt muss ich
mir den Anschuss genau einprägen. Abgekommen bin ich gut.
Aber immer nagen Zweifel – man kennt das ja.

Als erstes heißt es warten und Ruhe bewahren. Gut, dass ich
eine Brotzeit dabei habe. So schön und genussvoll das sonst ist,
für mich immer eine kleine Feierstunde, droben im Berg zu
jausnen; heute bin ich voll besonderer Spannung. Eine halbe
Stunde will ich zuwarten, bis wir hinüber steigen und uns den
Anschuss anschauen. Die Hündin ist brav liegen geblieben.
Früher, als sie noch jung war, da hat sie sich in solch einem Fall
aufgesetzt und mich vielleicht auch ungeduldig angestupft. Doch
jetzt kennt sie das Spiel. Wir sind beide ruhiger geworden mit
den Jahren.

Eine Sau hier heroben. Das ist eine kleine Sensation. Mein
Freund wird Augen machen. Nur – zuvor müssen wir sie erst
einmal haben. Irgendwann ist immer eine die Erste. Ich kenne
das aus dem Flachland, wo ich vor etlichen Jahren ein
Niederwildrevier hatte. Dort gab es seit Menschengedenken nie
Schwarzwild. Als dann die erste Sau ausgerechnet in meinem
Revier überfahren wurde, glaubte ich zuerst, man will mich zum
Narren halten. Heutzutage kämpfen dort die Jagdpächter mit
beachtlichem Wildschaden.

So, lange genug gewartet. Es ist nicht leicht, den Anschuss zu
finden. Hier herüben schaut alles ganz anders aus. Aber meine
erfahrene Raika, die schon unzählige Sauen nachgesucht hat,
findet mühelos die Fährte. Mit solch einem Hund ist das kein
Problem. Am langen Riemen untersucht sie bedächtig den
Anschuss. Aber sie verweist keinen Tropfen Schweiß, auch kein
weiteres Pirschzeichen. Aber das ist kein Wunder bei einer Sau,
das muss noch nichts heißen. Langsam sucht sie den Hang hinauf
über dessen Rücken hinweg und dann verweist sie endlich
Schweiß – hellroten Schweiß. Na also! Die Wundfährte führt uns
steil hinunter durch Fichtenanflug, Himbeer- und Heidelbeer-

stauden bis hinunter zur Forststraße, die den Berg auf halber Höhe quert. Ich lasse der Hündin den ganzen Riemen; in aller Ruhe zeigt sie mir immer wieder Schweiß. Der Hang ist schroff, und jählings beginnt eine Rutschspur, wo dem Wild die Läufe versagt haben. Und dann stehen wir auf einer Abbruchkante über dem Forstweg – und drunten liegt unser Überläufer. Die Kugel sitzt genau da, wo ich sie hinhaben wollte – hinter der Blattschaufel. Sauen sind schusshart, anders als die Gams. Die Kugel war genau zwischen den Rippen hindurchgegangen, und der Ausschuss der 30/06 ist nur doppelt kalibergroß.

Der kleine Keiler, ich schätze ihn auf immerhin ca. 50 kg, hat mir auch das Liefern erleichtert. Wäre er oben am Fleck liegen geblieben, da hätte ich ganz schön schleppen und ziehen müssen. So aber brauche ich nur mit dem Auto herzufahren und ihn einzuladen.

Beim Freund im Tal angekommen, gibt's ein Riesen-Hallo. Der erste Hochgebirgs-Keiler. Das wird gebührend gefeiert. Verständlich, dass die Abendpirsch ausfällt.

Meine Zeit hier ist vorerst zu Ende. Zur Blattzeit Anfang August werde ich wieder da sein, um nach dem heimlichen Abnormen und dem Schmalspießer zu schauen. Was dann geschieht, liegt im Ungewissen. Nur eines ist ganz sicher: Wenn ich zurückkomme, dann werde ich mit den trocken-heißen Hundstagen erst einmal Schluss machen und das Land mit ein paar Tagen Dauerregen beglücken.

Blattzeit

Zwar war's erst Mitte Juli, doch die Hundstage, die ja Anfang August kommen sollen, lähmten schon jetzt mit Temperaturen von über 30 Grad jede Aktion. Es sei denn, man gab sich im schattigen Garten entspannt dem „Liegestuhl-Fahren" hin. Dazu kam in meinem Fall die Vorfreude auf die Blattzeit-Tage bei meinem Freund Friedl im Murnauer Moos. Sein Anruf, die Böcke würden schon fleißig treiben, ließ mich die Tage bis zum Blattmond rückwärts zählen.

Was das Blatten anbelangt, bin ich nicht ganz ohne Bedenken. Es ist einerseits ungemein reizvoll, die allerheimlichsten Gesellen mit jägerischer Kunst herbeizulocken und zu erlegen. Andererseits ist mir nicht so ganz wohl bei der Überlegung, ob es fair sei, den Bock in seiner Hochzeitslaune dermaßen hinters Licht zu führen. Wenn ich mir aber bewusst mache, wie man dagegen mit Schlachtvieh umgeht, da erscheinen mir meine Skrupel geradezu lächerlich. Trotzdem, ich habe, bloß für mich allein, ein Hindernis aufgebaut. Ich fiepe nur mit Blättern. Die ständig neu entwickelten, viel versprechenden Geräte der Jagd-Zubehörindustrie werden von mir schnöde abgelehnt. Wenn ich's mit Buchen- oder ähnlich glattrandigen Blättern nicht kann – dann soll's halt nicht sein. Es ist meine ganz private Marotte, dass ich versuche, ohne allzu viele moderne Hilfsmittel beim Jagern auszukommen. Jeder nach seinem Gusto. Mich freut's, und keinem tut's weh.

Die Schwierigkeit, bei dieser Art zu blatten, sind die nicht immer perfekten Töne, und – nicht zu vergessen, man braucht dazu beide Hände. Oftmals ist der Griff zur Büchse, wenn der Bock bereits zusteht, eine Bewegung zuviel. Hätte man das

Lockpfeiferl im Mund und wäre bereits im Anschlag, wie es von Könnern empfohlen wird, wär's halt viel leichter.

So saß, oder besser lag ich im lichten Schatten der heimatlichen Birke, hatte mir ein paar Blätter von unserer Blutbuche gepflückt und ließ die Übungs-Arien erschallen. Die größte Freude daran hatten unsere Hunde. Der junge Dackel, der den Sinn dahinter noch nicht erfassen konnte, war besonders begeistert und wollte unbedingt hinter meinen Händen nachschauen, was da so pfeift. Die Schweißhündin lag ruhig daneben, runzelte weise die Stirn und dachte sicherlich: „Der Alte spinnt mal wieder, wo sollen denn hier Böcke springen?!"

Jetzt sitze ich mit dem Friedl auf seiner Terrasse; der Tisch ist mit herrlichen Dingen zur Brotzeit gedeckt, da bewahrheitet sich mein Nimbus als Regenmacher. Nach heißen Sommertagen schieben sich wasserschwere Wolken über die Berge heran. Die ersten Böen fegen Blätter und fetzen Äste von den Bäumen, niederstürzende Wasser jagen uns ins Haus. Es heißt, der Salzburger kommt schon mit dem Regenschirm zur Welt. In diesem Fall sind es meine Salzburger Vorfahren, die mir ständig ihre nassen Grüße schicken.

Zeitig schaue ich, dass ich zum Ansitz komme. Regen hin – Regen her, diesmal werde ich zu einer Leiter am Moosrand gehen, da schützt mich ein Dachl. Der Freund hat hier schon Brunftbetrieb gesehen, mal schau'n, wie wetterfest die Werdenfelser Rehböcke sind.

Der Regen macht Pause, als ich vorsichtig durch den sumpfigen Erlenwald zu meinem Hochstand schleiche. Wolken blutdürstiger Schnaken fallen über mich her, vorsorglich habe ich mich eingesprayt. Trotzdem krabbeln irgendwelche winzigen Insekten widerlich in meinen Haaren. Sie sind hart und zäh wie Hirschfliegen und lassen sich nur schwer entfernen. Ekelhaftes Viechzeug!

Jeder Schritt quatscht unter den Gummistiefeln, der Boden ist voll gesättigt mit Nässe. Droben auf der Kanzel bin ich vor den lästigen Krabbeltieren sicher. Nur die Schnaken umsirren mich stechend fein, der Spray hält sie fern. Vor mir liegt eine freie Fläche, schütter bestanden von krüppeligen, klein gebliebenen Fichten, Weiden, Latschen und Moorbirken. Gegenüber, etwa 120 m entfernt, der Rand eines Birken- und Erlenwaldes. Hier war es, wo ich vor Jahren ein Schmalstuck gefehlt habe. Wenn der Freund mir diese Kanzel zuweisen will, sagt er nur: „Geh' heut auf'd Nacht auf den Sitz, wo du das Schmalstuck vorbeig'schossen hast!" Zum Glück gibt's nicht noch mehr Plätze, die nach meinen Fehlschüssen benannt sind. Bis jetzt! Alle Büsche und kleinen Bäume beäuge ich mit dem Spektiv. Keine Fegestellen zu sehen. Das muss noch nichts bedeuten.

Der himmlische Bollerwagen rumpelt immer näher heran, erneut rauschen mit Prasselbraus Böen über die Wipfel. Ständig dreht der Wind. Und jetzt stürzt kalt prasselnde Regenwucht vom Himmel, dass ich keine 50 m weit schauen kann. Ein Krähenpaar taumelt wie verwehte Blätter im Sturmwind vorbei. Doch so schnell, wie der Schauer gekommen ist, so schnell zieht mit Donnergrollen die Regenwand weiter, dem nahen Gebirge zu. Die Bühne bleibt jedoch leer, das Wild hält sich nicht daran, dass es, wie es oft geschieht, nach dem Regen die tropfenden Dickungen verlässt. Der Abend schenkt mir keinen Anblick, dafür Ruhe und Entspannung.

Am nächsten Morgen habe ich verschlafen. Das ist mir auf der Jagd eigentlich noch nie passiert. Höchstens bei der Hirschbrunft, wenn ich nächtelang kaum ins Bett gekommen bin. Den Wecker, der auf 4 Uhr gestellt war, habe ich glatt überhört. Jetzt ist es bereits 5 Uhr. Keine 10 Minuten später bin ich unterwegs. Sollte ich mich ärgern, dass ich verpennt habe? Ach was! Es kommt, wie's kommt!

Es treibt mich zu meinem Lieblingsplatz beim Froschweiher. Kurz bevor ich mein Auto abstelle, springt eine prächtig rote Geiß mit zwei Kitzen über den Weg. Sie haben schon keine Flecken mehr. Ein guter Auftakt. Der Weiher liegt still und grün vor Entengrütze im Kranz der Weidenbüsche. Kein Frosch plumpst erschreckt hinein, vielleicht ist es ihnen noch zu früh. Leise kraxle ich auf meine Leiter. Der liebe Friedl hat ein Dach drauf gezimmert, er kennt mein Regenglück.

Der Himmel ist wieder wolkenlos, noch blass wie ein Hundsveilchen. Still liegt das Moos vor mir, heute ausnahmsweise ohne Nebel, wie sonst nach einer Regennacht. Am Hof, weit jenseits der Moosfläche, kläfft ohne Unterlass der Hund vom Eck-Bauern. Schnürt da der Fuchs vorbei? Schon sind die Farben aus dem Grau der Nacht wiedererweckt. Der Rundblick mit dem Glas zeigt mir die feuerrote Geiß mit ihren Kitzen. Gar nicht weit sind sie abgesprungen. Hier fühlen sie sich sicher. Hier geht niemand durch. Alles ist sumpfig, jeder Schritt will überlegt sein. Nach einer Viertelstunde will ich meine Musik erschallen lassen; ja nur keinen Kitzfiep, sonst habe ich die Frau Mama noch vor der Leiter.

Unter dem Hutschnürl steckt der Buchenzweig, den ich mir beim Herfahren an der Straße noch schnell gebrockt habe. Ein schönes Blattl spanne ich zwischen die Finger. „Piija!" Ja, der Ton passt. Eine kleine Arie schicke ich in den Morgen. Am etwa 200 m entfernten Waldrand geht's sofort rot auf. Spektiv ausgezogen! Ein Bock! Ständig verdeckt, zieht er langsam näher. Noch werde ich nicht schlau aus ihm. Nochmals ein zarter Ton, und es zieht ihn wie mit dem Gummibandl herbei. Was Rares ist er nicht, schaut aus wie ein Zweijähriger. Sechser wird er sein, mit kurzen Enden, eine halbe Handbreit über die Luser hat er auf. Also Friede sei mit dir! Jetzt hat er die Geiß entdeckt. Sicher denkt er, sie habe ihn gerufen, und sofort beginnt er zu treiben. Die Kitze hoppeln ein wenig mit und bleiben dann ratlos zurück. Gewiss sind sie schon aufgeklärt und kennen das Spiel.

Dann probiere ich halt eine neue Arie. Als ich das Blatt gerade spannen will, erhascht mein Augenwinkel links eine Bewegung. Da hat sich vom 150 Gänge entfernten Moorbirkengehölz ein anderer Bock angeschlichen. Noch ist er gut 100 m weit weg, zielbewusst kommt er näher. Das Glas zeigt einen geringen Spießer. Die fingerlangen Stänglein streben auseinander, fast wie bei einem Muffel-Teuferl. Immer noch kommt er spitz auf mich zu. Die Büchse liegt gestochen im Anschlag. Nein, auf den Stich schieße ich nicht. Nicht ohne Not.

Als ich ein blutjunger Jäger war, machte ich mit meinem Jagdherrn während der Brunft eine Pirsch. Aus dem Roggenfeld neben dem Weg äugte uns ein geringer Bock an. Nur Haupt und Kragenknöpferl waren frei. „Schieß auf den Stich!" raunte mir mein Gönner zu. Da war das Haupt, drunterhalb, etwa 40 cm tiefer musste der Stich sein. Ich hielt tiefer, ins Getreide hinein. Schuss! Der Bock war verschwunden. Er lag. Wir zogen ihn heraus. Wo war der Einschuss? Ich suchte, wir suchten. Kein Ein-, kein Ausschuss. Der Bock konnte doch nicht vor Schreck gestorben sein. Es war partout nichts zu finden. Ich kratzte mir den Kopf und brach den Bock auf. Oder, begann ihn aufzubrechen. Da sah ich die Sauerei. Innen alles grünes Mus, wie explodiert. Des Rätsels Lösung: Der Bock hatte spitz von hinten gestanden und über Rücken und Spiegel, der vom Kornfeld verborgen war, zurückgeäugt. Dadurch war die Kugel stichgrad' ins Weidloch gefahren.

Ich habe später noch mal einen Bock auf den Stich – diesmal aber von vorn – geschossen. Und auch da war die Kugel bis in Pansen und Gescheide gedrungen und hatte eine Mordsschweinerei angerichtet. Man mag mich altmodisch nennen, aber Wild ist für mich letztendlich auch ein Nahrungsmittel, das sauber erlegt werden soll. Betonung auf sauber.

Nun, dieser Moosbock will unbedingt unter meinen Hochstand, ohne sich einmal breit zu stellen. Endlich, er ist schon bis auf 20 m heran, vernimmt keinen Fiepton mehr, will unschlüssig wieder abdrehen, da zeigt er nun das Blatt. Den Schuss quittiert er mit hoher Flucht und stürmt mit tiefem Träger hin zur Deckung, hin zur rettenden Erlenwildnis. Ich kann mich zurücklehnen.

Drüben beim Moosbauern hat der Hofhund erneut sein heiseres Gekläff angefangen. Diesmal hat ihn wohl der Knall aus der Ruhe gebracht. Noch ein wenig Zeit will ich dem Wild und mir lassen, bevor ich zum Anschuss gehe.

Die Gedanken gehen zurück zu ersten Blatterfolgen. Schon als Gymnasiast habe ich speziell in der Englischstunde meine Lockjagd-Etüden geprobt. Taubenruf mit dem Weinbergschnecken-häusl, Mauspfiff, Hasenklage auf der Faust, Fiepen mit Papierblatt. Vielleicht hat mich der Name des Lehrers – Dr. Fuchs – zu den Übungen inspiriert. Der Mann enttäuschte mich, dass er mir für meine Bemühungen einen Verweis erteilte: *„Der Schüler G. M. erhält einen Verweis wegen Nachahmens von Tierlauten oder dergleichen.“* Ein „Fuchs“ hätte doch wissen müssen, welche Tierlaute das sind. Von wegen *„oder dergleichen“*.

Meine Blattkunst kam bald zur praktischen Anwendung, als mein Bruder und ich den gesamten Rehwildabschuss eines großen Reviers übernehmen durften. Der Pächter, unser väterlicher Freund und Gönner namens Hobbhahn, war nur an Flugwild interessiert. Nomen est omen. Für uns ein Paradies. Da wir Brüder nur eine gemeinsame Büchse besaßen, mussten wir uns beim Erlegen abwechseln.

Eines schönen Augustmorgens war mein Bruder wieder mal dran. Wir wollten an der südlichen Grenze des Reviers auf einen von uns erbauten Hochstand, da sahen wir beim Hinweg die Nachbarjäger, Vater und Sohn Lindinger, ebenfalls drüben in ihrem Revier eine 100 m grenznahe Kanzel besteigen. Zwischen unseren beiden Ansitzen zog sich eine schmale Waldzunge in die beiderseits weiten Wiesen hinaus, sodass die Grenzhocker einander nicht sehen konnten. Gegenüber, jenseits der Wiesenbreite, erhob sich eine flache Ebene mit reifen Kornfeldern. Darin hatte ich einen starken Bock – noch stand er im Nachbarrevier – entdeckt. Wenn ich ihn herlocken könnte, würde er schnurgerad – für den Nachbarn unerreichbar weit – zu uns herüberkommen. Mein Bruder richtete sich zum Schuss, ich blies in mein Buchenblatt. Der Bock warf auf, und nach einer neuen, dringenden Arie marschierte er auf uns zu und über die Grenze in unser Revier. Hurra! Näher und näher kam er durch das Korn gepflügt. Mein Bruder hob schon die Büchse, da geschah das Unerwartete. Eine Geiß, die dort niedergetan der Ruhe pflegte, sprang auf und nahm den Starken mit auf die Hochzeitsreise – wieder zurück ins Nachbarrevier, in die Wiese vor der Kanzel, wo die Nachbarn lauerten. Wir hörten den Schuss krachen, hörten ein Wild hinter uns in der Fichtenjugend innerhalb unseres Reviers zusammenbrechen und verschlegeln. O, diese dreimal verwünschte Geiß! Wenn die nicht gewesen wäre, welcher Triumph! Wenn – ja „wenn meine Schwiegermutter Räder hätte!"

Leise schlichen wir vom Hochstand. Da sahen wir den Lindinger jr. durchs Gedax kriechen, den Bock packen und über die Grenze ziehen. Das war doch die Höhe! Mein Bruder rief ihn an. Es gab einen kurzen Wortwechsel mit dem Ausgang, dass die Lindingers mit unserem Jagdherrn sprachen, um den Fall zu bereinigen. Ein weiteres Ergebnis war, dass daraufhin die Wildfolge vereinbart wurde und als Allerschönstes – mein Bruder wurde von den Nachbarn zur Belohnung für guten Jagdschutz und korrektes Verhalten auf einen Rehbock in ihrem Revier eingeladen. Er schoss dann einen wirklich sehr guten Bock, und draus wurde eine dauerhafte Freundschaft, bei der für mich, als dem Jüngeren, im Herbst etliche Entenjagden abfielen.

Gut, jetzt will ich hinunter zu meinem Bock. Der Anschuss zeigt, wie erwartet, Lungenschweiß; weit kann er nicht liegen. Meinen Hund habe ich hier nie dabei, das ist der Wermutstropfen bei der Moosjagd. Die Raika müsste die ganzen Tage nur im Wagen sitzen. Unter fast all den Hochständen ist's zu nass – überall steht das Wasser. So folge ich der Fährte allein mit dem Auge. Wenig Schweiß, ich muss arg suchen. Bis zum kleinen Bacherl, das moorschwarz hinter meiner Leiter dahin schleicht, haben die Läufe den Bock noch getragen. Beim Betrachten des zweijährigen Moosbewohners fallen mir grobe Schrammen und tiefe Schmisse an Haupt und Träger auf. Hier muss ein stärkerer Platzbock herrschen. Unterm Hochstand strecke ich ihn mit letztem Erlenbissen, klettere noch ein Viertelstünderl hinauf und freue mich meiner Beute. Dabei plane ich für heut Abend einen erneuten Ansitz hier oder um die Ecke des Erlenwäldchens auf der dort stehenden Kanzel. Mal schauen, ob ich den Unbekannten, nie Geschauten, betören kann.

Den Nachmittag nutze ich zu einem Pirschgang auf dem Kamm des langen Köchels. Das ist ein nahezu urwaldartig bewachsener Moränenhügel, eines der Wahrzeichen vom Murnauer Moos. Hier hat ein Mitjäger eine Reihe von Blattständen gebaut, kleine Ansitzböcke mitten im Bestand. So sehr ich mir die Augen ausschaue, ich finde weder Fege- noch Plätzstellen. Es ist wohl mehr der Einstand des Rotwilds. Trotzdem probiere ich mein Spiel. Alles bleibt still. Wo sind die Böcke, die laut bäurischer Klage so argen Verbiss machen? Sicher weiß das der mit dem Pferdefuß.

Im Rückpirschen treffe ich zwei Schwammerlsucher. Einen ganzen Korb voll Steinpilze zeigen sie stolz her. Nun ja, wenn hier noch mehr solche Partien unterwegs sind, dann wundert's mich nicht, wenn kein Bock springen will.

Daheim, vor der Haustür im Ebersberger Forst, traf ich letzte Woche einen Vater mit seinen drei kleinen Kindern. Freudig ließen sie mich Tüten voller Maronenröhrlinge bewundern. So recht mitfreuen konnte ich mich da nicht, weiß ich doch um die gewaltige Verstrahlung ausgerechnet dieser Pilze. Seit Tschernobyl werden bei ihnen Werte von teilweise bis zu 2.000 Becquerel gemessen. Auf die Frage, ob er das gegenüber den Kindern verantworten könne, meinte er wegwerfend: „Ah, wos, de ess' mer ja net roh, die werd'n doch 'kocht." Dazu fiel mir nichts mehr ein, denn ich habe mir längst abgewöhnt, den ungebetenen Wanderprediger zu spielen.

Obwohl mir großzügig das ganze Murnauer Revier offen steht, will ich abends wieder auf meine Leiter am Froschweiher bei den Erlen. Der unbekannte Rivale meines Teuferls reizt mich. In letzter Minute entscheide ich mich für die Kanzel, die gerade mal 200 m entfernt ums Eck steht.

Als ich vom abgestellten Auto weggehe, kommt mir auf schmalem Weg eine grell geschminkte Touristin entgegen. Mit

Stöckelschuhen, Designerklamotten, Gucci-Handtasche. Das passt ins Moos „wia der Teifi ins Kripperl". „Viel Glück, Herr Jäger!" ruft sie mir mit Kolibristimmchen zu. Der beginnende Abend war eh schon voll von schiachen Altweiberbegegnungen und nun auch noch so eine Hex mit „viel Glück"! Ich grinse verkniffen, lüpfe dankend den Hut, drehe mich einmal um die Achse, spucke heimlich dreimal aus. Abergläubisch bin ich ja nicht! Ein jagdlicher Nichtraucher wird das nie verstehen.

Vorsichtig wantsche ich zu meiner Kanzel. Zuviel Regen in letzter Zeit, den konnte auch das Moos nicht mehr schlucken. Weit geht von hier der Blick über verstreut stehende kleinwüchsige Fichten und Erlen bis über das Schilfmeer im Herzen des Mooses. Dahinter reiht sich die Bergkette vom Wettersteingebirge bis fern im Südosten zu den Tölzer Bergen. Rechter Hand, jetzt nur einen Schrotschuss entfernt, der moorige Wald, aus dem mir heut früh der Spießer zugestanden ist. Mein Zauberzeug richte ich her, alles auf den gewohnten Platz, die Buchenblätter – ja verflixt, die sind vertrocknet. Weit und breit stehen hier keine Buchen. Jetzt hab' ich's mit meiner Marotte. Ein Freund von mir blattet in solchem Fall mit dem Geldschein. Aber davor graust's mir. Unterm Hochstand die Weide. Das geht auch. Ihre Blätter sind zwar viel empfindlicher, geben aber einen besonders weichen Ton. Nur recht laut kann man damit nicht blatten, man müsste sie dazu straffer spannen und dann reißen sie. Es muss halt auch so gehen.

Eine halbe Stunde will ich noch zuwarten. Mein Anmarsch durchs Wasser war sicher weithin vernehmbar. Weit draußen im Schilfmeer zeigen sich Lauscher, Häupter von Rotwild. Nur kurz sind sie auf einer lückigen Stelle zu sehen, gleich sind sie wieder im hohen Röhricht untergetaucht. Vielleicht ziehen sie im späten Dämmern gen Wald und bei mir vorbei.

Die Sonne ist bereits hinter den westlichen Bergen zu fernen Ländern hinab gestiegen. Jetzt will ich ein G'setzl probieren. Ganz weich schmeicheln, locken die Töne. Keine fünf Minuten sind vertickt, da geht's rechts von mir rot auf. Ein Jahrling. Luserhoch das Gwichtl mit kleinen Gabelenden. Neugierig stakst er daher, wie ein Jüngling auf der Suche nach erstem Erlebnis. Etwas ratlos steht er wenige Meter vor meiner Kanzel. So, als ob er sagen möchte: „Komisch, das Rufen kam doch von hier!" Nach einiger Zeit dreht er enttäuscht um und zieht nach rechts in Richtung meines Morgenansitzes. Da taucht in der Linie zum gegenüberliegenden Wald ein zweiter Bock auf. Das Spektiv zeigt mir den Zweijährigen von heut früh. Als er den Jahrling eräugt, stürmt er davon, als wär' der Satan hinter ihm drein. Seltsam. Hat er den für einen Stärkeren gehalten? Also muss an meiner Vermutung doch was dran sein.

Nachdem meine Jünglinge abgetaucht sind, probiere ich eine neue Serie. Ich richte mich nach links – und grad springt einer daher. Schon wieder ein Jahrling. Diesmal ein beachtlich guter, er zeigt bereits sechs kleine Zacken. Bin ich hier im Kindergarten? Gibt's wohl doch keinen Platzbock? Jetzt lasse ich das Blatten erst einmal sein, sonst werd' ich die Knaben gar nimmer los.

Ganz still ist's im Moos. Kein Vogel lässt sich mehr hören, die Frösche haben auch nichts zu verquaken. Nur zwei Reiher rudern am Abendhimmel mit rauem Schrei dem Schlafbaum zu. Langsam werden die Farben des Tages stumpf. In der Ferne, in den sanften Vorbergen gehen erste Lichter an. Es wird Zeit für eine neue Arie. So laut es geht, lasse ich das Angstgeschrei der bedrängten Geiß ins Weite hinaus. Ein Blatt reißt dabei, und jählings bricht der Ton ab. Noch mal mit neuem Blatt! Vier, fünf Hilferufe gellen in den Abend. Nichts rührt sich. Schon muss ich das Glas nehmen, mit freiem Aug' geht nichts mehr. Aber halt, da draußen beim Schilfrand, das Dunkle da, das war doch grad noch nicht da. Erhobenen Hauptes steht da ein Bock. Starker Bock, ganz anders in der Figur, bedeutend massiger als die Jünglinge vorher. Hoch hat er auf, ich meine Sechserenden zu sehen. Bis ich ihn im Spektiv gefunden habe, fegt er los. Wo treibt's ihn hin? Da sehe ich einen der Jahrlinge auf der freien Fläche. Der Starke stürmt auf ihn zu, und der kleine Springnickel reißt aus. Eine kurze Strecke sehe ich sie noch dahinjagen, dann sind beide im Birkenwäldchen untergetaucht.

Da also, im Schilf hat der Platzbock gesteckt. Sicher wird er bald zurückkommen. Das Licht schwindet schnell, das Glas kommt nicht mehr von den Augen. Die Minuten verrinnen, langsam steigt dunkel aus kühlen Gründen die Nacht. Plötzlich sehe ich ihn wieder. Kaum, dass ich ihn noch ansprechen kann. Dort, wo er hineingeteufelt ist, kommt er herausgezogen. Gut 130 Gänge weit. Die Kipplaufbüchse sucht, findet; kein leisestes Zittern beunruhigt das Fadenkreuz. Ein reifer Bock. Verhoffend steht er breit. Leis' raunt der Versucher: „Nur ein Tupfer! Schieß, du hast ihn ja gut und ruhig im Absehen!" Doch der Finger bleibt grade. Geschossen ist schnell. Das ist hier nicht das Problem. So einfach hinhalten, nach dem Motto: „Nun walt es Gott, Herr Pfarrer!", das geht anderswo leicht. Selbst wenn der Bock im Schnall und blendendem Mündungsfeuer liegt, finden tät ich ihn heut' wohl kaum. Bis ich da draußen bin, ist's absolut sackdunkel. Über die Grasschroppen hinweggestolpert, Senken und Pfützen umgangen, da hätt' ich bald die Richtung verloren. Bei den vielen Löchern, in denen das Wild verendet liegen kann, da tappt man selbst beim helllichten Tag auf zwei Meter vorbei. Morgen in der Früh ist das Wildbret verdorben, grad für'n Fuchs. Ein Königreich für meinen Hund! Das sind halt die Kompromisse, die ich hier im schwierigen Moorgelände schließen muss.

Der Friedl grinst nur verstehend, als ich ihm von meinem Verzicht erzähle. Er kennt das Moos mit seinen Tücken.

Die Nacht wird kurz. Durch meine unruhigen Träume geistert ein sagenhafter Bock mit einem Zaubergewächs auf dem Haupt. Wecker brauche ich heut keinen, es hält mich vor Spannung nicht in den Federn, und so bin ich weit früher als geplant unterwegs. Von der Höhe vor Friedls Haus schaue ich hinunter ins Moos – alles ein weißer Nebelsee. Das ist hier die Crux im schilfigen Kessel.

Der Nachthimmel ist besät mit einer Million harter Sterne. Riesengroß, wie ein kleiner Mond, überstrahlt im Südwesten der Jupiter die anderen Gestirne. Es ist ein gutes Gefühl, einer der ganz wenigen zu sein, die um diese Nachtstunde schon draußen sind. Für den Weg durchs taukalte Riedgras brauche ich die Taschenlampe, sonst gerate ich noch in ein Wasserloch. Leise richte ich mich auf der Kanzel ein. Die nahen Erlen und Birken kauern im Dunst – nur zu erahnen. Wenn ich Pech habe, dann plagt sich die Sonne mit dem Nebel noch bis in die späten Vormittagsstunden. In der Stille der schwindenden Nacht sind selbst leiseste Geräusche vernehmbar. Weiter draußen im Moos höre ich das Rotwild leis' platschend über eine Wassersenke vom Wald her in den Tageseinstand im Schilfmeer ziehen. Dort sind sie sicher. Dort ruht die Jagd. Langsam erbleichen die Sterne, und im Osten dämmert das Morgenlicht herauf. Die Konturen der nahen Büsche und Bäume erstehen aus der Nacht. Die Sicht reicht kaum einen Schrotschuss weit. Dann wird's heller, die Nebelbänke wandern im sanften Morgenwind und geben kurzzeitig mal die eine, mal die andere Aussicht frei. Zum Blatten ist's noch zu finster, wenn jetzt einer zusteht, kann ich ihn noch nicht genau ansprechen. Das Licht steigt weiter im Osten empor, schon steht ein schmaler Streifen wie Feuersbrand am Horizont. Nur die Höhen der Berge ragen über das mattkupfern erglühte Meer des Nebels hinaus.

Jetzt probiere ich die erste Arie. Leis' anfragende Töne.

Mit dem Glas versuche ich die im Morgenlicht sich zart verfärbenden Schleier zu durchdringen. Die Bühne bleibt leer. Immer heller wird's, der Nebelrauch will sich nicht verflüchtigen. Im Gegenteil, da wo ihn das Licht erreicht, erscheint er nur noch dichter. Aber jetzt, vom Birkenholz her, ein Reh. Glas hoch! Es ist der Jüngling vom Abend, sicher der, dem der Starke auf die Sprünge geholfen hat. Neugierig steht er vor der Kanzel, äugt mir direkt ins Gesicht. Keinen Lidschlag wage ich. Wie er das Haupt senkt, bringe ich die Kamera in Anschlag. Klick! Das stört ihn nicht. Langsam zieht er hinaus ins Moos. Als er hinter einer Weidengruppe suchend umheräugt, schieße ich noch ein paar Bilder. Sollte das meine einzige Beute heut früh sein?

Der Tag beginnt ja erst. Je weiter die Sonne über den Horizont steigt, desto schlechter wird die Sicht in das erleuchtete Weiß.

Ein sanfter Hauch kommt mit der Morgenkühle auf. Doch der Nebel ist zäh. Allzu lange hockt er in den Wiesen und Senken. Die Spinnweben zwischen den hohen Stängeln funkeln wie Millionen Diamanten.

Mein kleines Böckerl ist wieder in der Weite untergetaucht. Wo ist der Starke? Schläft er noch? Angstgeschrei könnte ihn wecken. „Niicht, niiiicht!", ruft gellend das Blatt. Eine Viertelstunde vertickt und noch eine weitere. Da taucht gar nicht weit hinter den Erlen ein schattenbrauner Schemen aus dem Dunst. Steht in einer wildkörperbreiten Lücke zwischen Nebel und Nebel. Wieder der Knabe? Wenn nicht, dann muss es g'schwind gehen. Das Zielglas sucht, findet, und mich durchfährt es heiß. Der Hochgekrönte von gestern! Vor lauter Überraschung steht das Herz mir still und ich schieße, bevor es wieder weiter schlägt.

Auf den Schuss ist die Erscheinung verschwunden, Dunst verhüllt die Szene. Weiße Schwaden wandern hin und her, heben und senken sich wieder. Geduld! Mit dem Glas versuche ich am Anschuss Klarheit zu bekommen. Vergebens. Zurücklehnen. Ausschnaufen. Warten. Wie schnell das gegangen ist. Woher der Bock kam? Geheimnis des Moors, des Nebels.

Immer höher steigt die Sonne, der Nebel wird licht, hebt sich, und weißlich blendet die Sonne durch. Der Schleier wird golden, löst sich auf, und kurze Zeit darauf liegt klar das Moos vor mir. Die frische Morgenluft mischt sich mit dem bitteren Geruch von Ried und Sumpf. Auf der fernen Höhe rollt der erste Morgenzug mit gellendem Signalpfiff von Kohlgrub nach Murnau.

Voller Spannung suche ich meinen Weg zum Anschuss. Als Zielpunkt habe ich mir eine einsame Fichte in der Ferne genommen. Suchend stapfe und stolpere ich über die Schroppen, schaue mir die Augen aus. Etwa 100 Gänge bin ich schon weit, noch immer kein Anschuss, kein Bock. War das wirklich so weit? Ich peile die Linie – Kanzel zur Fichte –, die stimmt. Also muss es noch weiter draußen gewesen sein. Zwei, drei Schritt – und ich falle fast über den in einer Mulde verendet Liegenden. So ist das hier im Moos. Ein freudiger Schreck lässt mich zu ihm niederknien. Alle grünen Geister! Ein wahrlich braver Bock! Scharf-spitzige Enden des Sechszacks. Das sind die Waffen, die den Bock vom Vortag so zugerichtet haben. Moorbraun die gut geperlte Krone. Das Vorderende der rechten Stange hat er sich abgekämpft. Beglückt streiche ich ihm über das aschgraue, krollige Stirnhaar.

Die Läufe binde ich ihm zusammen, trage ihn über der Schulter hinaus aus der Nässe, dorthin, wo die Ebene leicht ansteigt. Wenn ich ihn hier herausschleife, so schaut er doch zu sehr wie aus dem Wasser gezogen aus. Am Wurzelauslauf einer Fichte lege ich ihn nieder und hocke mich im glückerfüllten Nacherleben dazu.

Nach einiger Zeit höre ich jenseits der Wegbiegung den Kies knirschen. Schritte.

Ein alter krummhaxiger Bauer im blauen Arbeitsg'wand und einem Hakelstecken tappt wie ein schnüffelnder alter Dachs um die Ecke der Weidenbüsche. Er schaut nur auf den Rehbock und legt dabei den Kopf schief, wie ein Huhn, das einen Wurm fixiert. Kratzt sich den Schädel, zieht geräuschvoll die Nase hoch. Kein Blick, kein Wort an mich – dreht sich um und ist gleich darauf wieder verschwunden.

Das Moos hat so seine sonderbaren Bewohner.

Nazl

Die Tage waren merkbar kürzer geworden; die Nächte endlich kühler. Der Sommer erstrahlte in der Glorie des reifen Jahreshöhepunkts. Das Morgenlicht leuchtete noch nicht herbstlich kristallen, noch war es seidig und weich. Unter den Gipfeln aber zeigten sich Matten und Lahner leicht golden überhaucht, und meine Lieblingsblume, der Schwalbenwurz-Enzian, blühte mit leuchtend kobaltblauen Kelchen.

Wie jedes Jahr, wenn Anfang September die Touristenströme in unserem Revier im Stillach- und Rappenalptal langsam nachlassen, wollte ich mit meiner Frau eine ganz besonders schöne Höhentour machen. Ganz hinten, fast am südöstlichen Ende des Tals, führt ein Steig unter den Felswänden von Biberkopf, Mutzenkopf und Kleinem Rappenkopf über den Rappenalpsee zur Enzianhütte. Bis zum Anfangspunkt unserer Wanderung bei der Unteren Biberalp wollte ich uns vom Berufsjäger Bernhard fahren lassen, nachdem wir unser Auto weiter vorn im Tal am Zielpunkt „Peters Älpele" abgestellt hatten. Mit dem kleinen Hintergedanken, so nebenbei einen ganz gewissen Rehbock wiederzusehen.

In den ersten Augusttagen war er mir oben beim Kleinen Rappenkopf auf einer Gamspirsch in Anblick gekommen. Meine jagerischen Wünsche waren in diesen Höhen ganz beim Rotwild und vor allem bei den Gams gewesen, an Rehböcke dachte ich dort droben gewiss nicht. Aber als ich seine abnorme, etwas verkröpfte kleine Krone sah, da jagte mir die Jagdlust den Puls hoch. Vor einem Latschenfeld zwischen weiß blendenden Felstrümmern leuchtete verlockend seine brandrote Decke. Den wollte ich haben!

Es war ein schwieriges Hinkommen. Teilweis freie, deckungslose Fläche und zudem noch viel zu weit für einen Schuss bis da hinauf zu ihm. Robben wie ein Indianer, so könnte es gehen. Hund und Rucksack abgelegt, und schon war ich, Deckung hinter einzelnen Felsbrocken findend, wie ein Kriechtier unterwegs. Auf halber Strecke linste ich vorsichtig an meinem Stein hervor. Welch ein Glück! Er war inzwischen weit näher herangezogen, als ich erhoffen konnte. Ich sah ihn schon im Rucksack. Und dann habe ich ihn glorreich auf knapp 60 Gänge spiegelglatt vorbeigeschossen. Eine Zeitlang noch konnte ich mir sein beleidigtes Schrecken aus dem Latschendschungel anhören. Zwischen den etwa 300 m entfernten Gassen im Krummholz sah ich ihn noch kurz auftauchen und zu mir herabsichern. Der war putzg'sund, da brauchte es auch keine Kontrolle mit dem Hund, nachdem ich am Anschuss den Kugelriss im Boden bewundern konnte.

Nach dieser Ruhmestat führte mich mein Weg, wie immer auf dieser Pirsch in einsamen Höhen, beim alten Nazl – was im Allgäu Ignaz heißt – vorbei.

Seine Alp liegt im Schatten des Kleinen Rappenkopfes, abseits der Touristenpfade. Die würden hier heroben auch nichts finden, außer unberührter, gottgesegneter, stiller Natur. Keine Einkehr, keine Beschallung mit „wumpta-wumpta" und Ötzi-Geplärre. Drüben am Fellhorn, da wimmeln die Massen, ja, da ist was los, „da spielt die Musi". Beim Nazl gibt's nichts, außer der Gesellschaft eines schweigsamen, urwüchsigen Bergmenschen mit offenem Gesicht und klaren, wasserhellen Augen. Keinen Käs', keine Milch, keine Brotzeit, denn der Nazl hat nur „Schumpe" – wie das Jungvieh im Allgäu heißt – auf seiner Alp stehen.

Er hatte den Schuss wohl gehört, denn als ich näher kam, stieg er schon von der Höhe herab, wo er nach seinem Braunvieh geschaut hatte. Immer, wenn er mich von weitem mit Büchs' und Schweißhund daherkommen sah, schaute er zu, dass er mir über den Weg lief. Der Grund dafür liegt in meinem Rucksack begraben. Genauer, in meinem silbernen Flachmann mit dem guten Sonthofer „Turra-Enzian". Es fing vor Jahren an, als ich mit einem recht guten Sommergams am Buckel bei ihm Rast machte. Mit dessen Leber, Herz und Nieren, dem „Sadezehner" ,gewann ich einen Freund. Darauf tranken wir einen Enzian. Seitdem ist es ein Ritual. Vorsichtig frage ich stets, ob er ein Stamperl mittrinken wolle, denn ich habe leider, leider kein Schnapsglasl dabei. Zu unserem Spiel gehört, dass er dazu ein wenig herumdruckt.

„Weiß it, muass zerscht amol lüege, ob i so namas hob." (Ich weiß nicht, muss zuerst einmal schauen, ob ich so etwas habe.)

Wenn er dann mit den zwei Pressglas-Stamperl anrückt, leuchten in Vorfreude seine schneeweiß überbuschten, hellhimmelblauen Augen.

So auch an jenem Tag.

„Hen d'r was g'schosse?" (Habt Ihr was geschossen.)

„Ja, a Loch in den Allgäuer Mutterboden." Ich hockte mich zu ihm auf die Hüttenbank, erzählte ihm, wie's zugegangen war, und er nahm's wortlos, schmunzelnd zu Kenntnis. Er war der große Schweiger unter den Allgäuern. Der andere Typus ist ja der Rhapsode, der Fabulierer, Erzähler, oft auch Alleinunterhalter. Wenn ich den Nazl nach seinem Vieh fragte, immer die gleiche Antwort.

„Scho reacht, sind all' no do".

Nur bei den Fragen nach dem Wild, da konnte man schon so nach dem zweiten oder dritten Enzian hören:

„I wisst uib scho an güete Gems, Hirsch oder Reabock." (Ich wüsst' Euch schon einen guten…)

Doch in ihn zu dringen, ihn auszufragen, war zwecklos, da musste er schon selber freiwillig mit den Geheimnissen seiner Bergmitbewohner herausrücken.

„Hint'rm Mutzetobel, da lüeget dr amol noche, da hon i letschte Woch an sakrisch güete Gems g'seache." (Hinterm Mutzentobel, da schaut einmal nach, da habe ich letzte Woche einen sakrisch guten Gams gesehen.) Oder: „Dr Zwölfar vo feant, den dr it verwischt hänt, der stoht huier dunda im Brennte Flecke." (Der Zwölfer vom letzten Jahr, den Ihr nicht erwischt habt, der steht heuer drunten im Brennte Fleck.)

Ein Uralt-Ferngucker fernöstlicher Bauart gehört zu seinem Hirtenberuf. Als der einmal auf dem kleinen Tisch vor der Hütte lag, schaute ich durch. Plötzlich war die klare Bergluft ein „neblichtes" Meer. Ihn schien das nicht zu stören, für ihn war's so gut genug:

„Mir tüet's es scho!"

Vor Jahren, als ich das erste Mal bei ihm vorbei kam, fiel er mir mit seiner hohen, sehnigen Gestalt auf, mit seinem schmalen, sonnenverbrannten Charakterkopf, umrahmt von einem sauber gestutzten, schneeweißen Vollbart. Wie alt er war? Schwer zu schätzen, vielleicht hoch in den Sechzigern, oder gar schon ein rüstiger Siebziger. Stets war er blitzsauber „g'häset" – gekleidet, – was in dem monatelangen Alpsommer nicht allen Hirten leicht fällt.

Meine Frau und ich haben an besonderen Menschentypen eine Freude, und sie als Malerin hatte vor, ihn zu porträtieren. Das könnte bei solch einem scheuen Schweiger vielleicht ein Problem werden. So packte ich zusätzlich zu unserer Brotzeit noch ein Fläschle „Turra-Enzian" in den Rucksack. Diese kleine Bestechung würde ihn sicher gewinnen.

An einem taufrühen Morgen zogen wir los, nachdem uns der Bernhard programmgemäß bei der unteren Biberalp abgesetzt hatte. Das Wetter war seit Tagen so schön und klar, wie es sich zu dieser Zeit gehört, und laut Schweizer Wetterbericht, der hier gilt, würde es auch halten. So war unser Gepäck sommerlich leicht, und die Rucksäcke hatten außer dem Malzeug nur die kleine Beschwer einer guten Wegzehrung.

Das Schöne an dieser Tour ist, wenn man die Höhe erstiegen hat, dann geht's fast eben dahin. Immer wieder verhielten wir den Schritt, wenn Gams in Anblick kamen. Dabei hoffte ich inständig, dass der Versucher mir keinen Super-Kapitalgams vors Rohr schickte. Da gäb's dann ein Riesenproblem. So ein Feistgams, der wiegt schon was, und den hernach die ganze Strecke heimbuckeln? Also, bat ich im Stillen, „liebe grüne Geister, haltet Euch heut' bitte zurück! Gern ein andermal."

Mein Flehen wurde erhört, und unbeschwert erreichten wir am späten Vormittag die Alp. Der Nazl saß auf seinem Bänkle inmitten von Latschenzweigen, Flitter, Alpenrosen und kleinen Spiegeln. Ganz vertieft war er beim Binden des Schmucks der Kranzkuh für den Alpabtrieb.

Mit einem freudigen Blitzen seiner blauen Augen machte er eine einladende Geste zur Bank: „Hocket a wing her!"

Eine Zeitlang schauten wir ihm schweigend zu, dann sagte ich, unserem Ritual entsprechend, „Ich glaub', jetzt wär ein Schnapsl recht. Hast du vielleicht drei Gläsle?"

„Weiß it, muass amol lüege." (Weiß nicht, muss erst mal schauen)

Und er verschwand in der Hütte. Wir hörten ihn dort drinnen rumoren, dann erschien er mit seinen Stamperln, und wir ließen uns den Enzian schmecken.

Dann auf die Frage nach dem Vieh:

„Scho reacht, sind all' no do."

Nach einer langen Pause: „Wann geht's ins Tal?"

„Nägschde Migda." (Nächsten Mittwoch.)

Wieder langes Schweigen. Meiner Frau wurde das Spiel jetzt zu lang. Sie machte mir eine Geste, als ob sie was auf einen Zeichenblock schreiben würde. Jetzt war es an mir, ihm ihren Wunsch schmackhaft zu machen. Eine Frau, und das weiß die Meinige als Allgäuerin nur zu gut, darf da kaum auf Erfolg hoffen.

Nun musste aber zuerst das Gastgeschenk heraus. Ich kam mir vor wie jener Seefahrer, der auf einer einsamen Insel den Eingeborenen Glasperlen zum Empfang mitbringt.

„Schau Nazl, ich hab dir was zum Abschied mitgebracht!"

Ein bissl freudig, ein bissl misstrauisch ob des ungewöhnlichen Geschenks schaute er mir fragend in die Augen.

„Wir haben eine Bitte, meine Frau tät dich gern malen, tätst du ihr ein wenig sitzen?"

„Mi mole?" (mich malen?)

Erschrocken riss er die Augen auf. Oder war's gespielt?

„Nui, nui, des goht it, so lang hon i kui Zit! Ja was gläubet ihr, i muas doch noch'm Vieh lüege. Nui, i ka doch it stündalong nahocke!"

Das war die längste Rede, seit ich ihn kenne.

„Aber na, lieber Nazl, sie macht nur a paar Strich', nur eine Skizze. Entwickelt wird's dann drunt' in Sonthofen."

Pause. Nachdenklich strich er seinen Bart.

„Soo, ja wenn de Sach aso isch, dass des zerscht in Sünthof bim Foto-Heimhuabar entwicklet wird, na soll se nur grad mole. Aber nocha kriag i an Abzüg. Gell? I will ja wisse, wian i üslüg." (Ich will ja wissen, wie ich aussehe.)

Entwickeln, dachte er wohl, gibt's nur bei Fotos, und das war in seiner Vorstellung nur beim allbekannten Sonthofer Fotografen Heimhuber möglich, der seit über 100 Jahren schon ganze Generationen des Oberallgäus abgelichtet hatte. Jetzt war er versöhnt, nach dem Motto: Ja, in Gott's Namen, wenn das so ist.

Bei dieser langen Rede hatte meine Frau längst ihren Block aus dem Rucksack hervorgeholt und mit schnellen Strichen, immer wieder aufblickend, die ersten Studien aufs Papier gebracht. Der Nazl schien versöhnt, ja, mir schien, dass er sogar ein wenig geschmeichelt war, dass der Jäger extra sein malendes Weib mit heraufgebracht hatte, damit er „entwicklet" wird.

Nach einiger Zeit, wir saßen schweigend beisammen, steckte meine Frau Block und Stift zurück in den Rucksack.

Er zog die weißbuschigen Brauen hoch:

„Goht deas aso gschwind?"

„Nui, Nazl", sagte meine Frau, „des wird dünda in Sünthof entwicklet!"

Zufrieden hockten wir in der Nachmittagssonne, bis es langsam Zeit zum Aufbruch wurde, der Nazl seine Bastelei weglegte, um wieder nach seinen Schumpen zu schauen. Als wir uns zum Abschied die Hände reichten, meinte er so nebenbei:

„Ding Reabock, der stoht iaz bim Salzbichl ünder'm Bibarkopf." (Dein Rehbock, der steht drunten beim Salzbichl unterhalb vom Biberkopf.)

Das war typisch Nazl. Doch jetzt wollten wir weiter und nicht wieder zurück. Ein andermal, da werden wir zum Salzbichl hinaufsteigen und nach dem Bock schauen.

Aber dann wäre kein Nazl mehr auf der Alp.

Am Höherstein

Mein Freund Peter hatte ein Bergrevier im Salzkammergut gepachtet, mit einer alten Hütte mitten drin. Rund um den Bad Ischler Höherstein. Von der Hütte aus, die sich an den Waldrand schmiegt, schaut man hinüber zu Sandling und Loser, hinweg über ein verwunschenes Hochmoor, wo Kreuzottern in der Sonne liegen, wo pannonischer Enzian, Sonnentau und wilder Schnittlauch wachsen. Die Hütte, die Knerzn, oder wie sie bei den Einheimischen in ihrem liebenswerten Dialekt heißt, „die Knechzn", war bei Übernahme der Jagd traurig heruntergekommen. Nach einem kleinen Riegler legten wir, zufrieden ob der guten Strecke, unsere schläfrigen Häupter erstmalig in der Hütte zur Ruhe. Da huschten uns hurtig die Mäuse übers Gesicht. Wenn's regnete, tropfte es auf den von Generationen müder Jäger zusammengeflackten Strohkreister. Einst gehörte das Revier zum Lieblings-Jagdbann von Kaiser Franz Joseph. Sicher hatte der „Hohe Herr" nie auf der Knerzn genächtigt. Dafür hatte der Herrscher im Rettenbachtal, unterhalb des Höhersteins, eines seiner Jagdhäuser.

Peter, der alte Hüttenbauer, packte im Frühjahr den Knerzn-Umbau an. Gerne war ich dabei. Im Mai, als Abschluss der Renovierung, deckten wir das Dach wieder neu mit Lärchenschindeln.

„Bring deine Büchsflinte mit!" hatte mir der Freund geraten. Was sollte es im Mai zu jagern geben? Vielleicht ein Scheibenschießen? Das hat zwar in den folgenden Jahren stattgefunden, aber dazu war's noch eine Zeitlang hin.

Innen war die Hütte jetzt neu und sauber holzvertäfelt. In der Stubenecke stand ein grün gekachelter Stuhlofen mit eingebautem

Herd. Unter der Dachschräge zwei Räume mit Stockbetten. Als wir dann das Dach fertig eingedeckt, das kleine Bierfass angestochen hatten und gemütlich bei der Jause saßen, erfuhr ich, wozu ich die Büchsflinte mitbringen sollte.

„Du hast am Höherstein einen Großen Hahn frei."

Das war ein unglaubliches Angebot des freigiebigen Freundes. Kann man so was ablehnen? Doch, unter echten Freunden – man kann. Der Peter hatte volles Verständnis. Er wusste auch warum. Einen einzigen Auerhahn zu erlegen, hatte mir genügt, und dabei sollte es auch bleiben. Dazu kam erschwerend, dass in diese Erlegung nachträglich ein bitterer Wermutstropfen gefallen war.

Diesen Hahn schoss ich in deutschen Landen, im Oberpfälzerwald. Damals, das Auerwild hatte in Deutschland noch Schusszeit, gab's in dem Revier, das nahe der tschechischen Grenze liegt, einen guten Bestand an Hahnen.

Peter und ich waren dort schon oft zum Rehbockjagern gewesen und der Jagdherr, der zugleich Gastwirt war, verkaufte Hahnen- und Rehbockabschüsse. Wir trafen in dem Gasthof oftmals Jagdgäste von Rhein-Ruhr, die sich spöttisch lachend über die „doofen" Bayern mokierten, die ein Glas Schnaps für nur 50 Pfennig verkauften. Das ließ der schlaue Gastwirt nicht auf sich sitzen. Als wir im Jahr darauf wieder kamen, kostete das gleiche Stamperl bereits DM 1,20.

Übrigens, dieser Gastwirt war mir ein unheimlicher Geselle. Etwa in den Fünfzigern, hager, knorrig wie ein dürrer Baum, dazu einäugig mit pockennarbigem, nikotingelbem Gesicht, das von grauen Sprenkeln übersät war. Ohne qualmende Zigarette im Mundwinkel habe ich ihn nie gesehen. Im ersten Jahr führte er mich selber auf meinen Hahn und wies mich in der Folge, wenn wir zum Rehbockjagern da waren, in die Reviergrenzen ein. Auch wenn wir nicht zusammen pirschten, immer bewegte er sich lautlos wie ein Schatten. Selbst in seiner Gaststube schlich er umher, wie ein sprungbereites Raubtier. Oft erschrak ich, wenn wir bei Tisch saßen und er plötzlich, wer weiß wie lang schon, unbemerkt hinter mir gestanden hatte.

Der Peter und ich erlegten in diesen Jahren unseren Urhahn. Ich wunderte mich nur, dass danach, im selben Jahr, noch andere, oft mehrere Hahnenjäger angereist kamen. Das Revier war zwar riesengroß, jedoch unbegrenzt war die Zahl der Raufußhühner dort auch nicht. Da ich mich im Laufe der Zeit gut in seinem Jagdbann auskannte, bat mich einmal der Jagdherr, der wegen einer Verletzung schlecht auf den Läufen war, einen Gast zu führen. Ich tat es gerne, im Glauben, es würden jährlich höchstens zwei Hahnen erlegt.

Es galt einen ziemlich bemoosten, alten Jäger von der Waterkant zu Schuss zu bringen. Am Vorabend gestand er mir, dass er wegen Schwerhörigkeit den Hahn nicht vernehmen könne. Allein, ohne besondere Führung käme er nicht ans Wild. Nun, diese Aufgabe war lösbar. Als Bindeglied zwischen uns beiden sollte mein Bergstecken dienen, den er als Hintermann und ich voraus fest in der Hand halten würden. Wenn ich einen Schritt machen würde, sollte er es mir gleichtun, so kämen wir sicher voran.

In finsterer Nacht zogen wir los. Ich hatte Tage zuvor mit meinem Freund Peter einen Hahn bestätigt, dem sollte es gelten. Wir waren fast alle Jahre zur Hahnfalz da, auch ohne jagdliche Hintergedanken, fasziniert vom halbnächtlichen Geheimnis der großen Hahnen. Jede Nacht unterwegs, das Bett kaum gesehen, da war ich eines Morgens so übernächtig, dass ich die Milch, statt in den Kaffee zu gießen, ins Frühstücksei füllte. Der Peter sah's mit Staunen, und noch heute muss ich mir diese Story meiner Verblödung anhören.

Mit dem alten Jäger saß ich in stockfinsterer Nacht in der Nähe des Balzplatzes. Viel zu früh waren wir dran, und so hieß es warten. Plötzlich spürte ich, wie jemand mein Gesicht, meinen Körper abtastete. Auf meine Frage, was das soll, murmelte der Alte: „Jetzt hab i denkt, du bist'n Boom."

Nun, wir haben den Hahn bekommen, es ging ganz gut mit Ruck und Zuck nach dem Hauptschlag. Deutlich sichtbar gegen den sich erhellenden Morgenhimmel stand der Vogel auf seinem Ast. Bis wir auf Schrotschussnähe angesprungen waren, verging eine gute Weile. Als bereits die Hennen zu locken begannen, konnte ich endlich dem Alten zunicken: „Jetzt passt's!" Steintot fiel der Hahn ins Beerkraut. Der alte Jäger war überglücklich, ein Wunschtraum hatte sich erfüllt. In seinen Augen glitzerte es verräterisch, und ich habe ihm die Beute von Herzen gegönnt.

Eine Pause von zwei Jahren lag dazwischen, bis ich wieder im Hahnenrevier war. Vergeblich suchte ich unter den Balzbäumen – von Balzlosung keine Spur.

Da fiel's mir wie Schuppen von den Augen. Und bald bekam ich die Bestätigung. Es wurden in dem Revier nicht nur zwei Hahnen jährlich erlegt. Nur einen einzigen, auch noch viel zu jungen Hahn konnte ich trotz aller Bemühungen und Kenntnis der Balzbäume finden. Ich fühlte mich mitschuldig am Raubbau und dem Verschwinden dieser wundersamen Vögel. Das hat mich so gereut, dass ich meinen, von Meister Wimmer in Pfarrkirchen als Stillleben präparierten Hahn nicht mehr anschauen konnte und ihn weggab. Die Freude dran war mir vergällt. Alle Reue kam zu spät und war zudem sinnlos.

Mit zunehmendem Tourismus wurde das Revier für Wanderer, Langläufer und Skifahrer erschlossen und mit Skiliften, Raststationen, Hütten, Bänken und Parkplätzen möbliert. Das hätte der Kulturflüchter Auerwild keineswegs ausgehalten und sich längst auch ohne Bejagung auf Nimmerwiedersehen verflüchtigt.

Wie gesagt – der Peter kannte und respektierte meine Gründe, das Angebot auszuschlagen. Doch zur Hahnfalz gehen und beobachten, das wollte ich gerne. Nachdem der Jäger Friedl mir droben am Höherstein die Balzplätze gezeigt hatte, hockte ich dort Morgen für Morgen, oder besser Nacht für Nacht, freute mich an wunderbaren Bildern, bis die Hahnen zur Bodenbalz niedergegangen und mit gespreiztem Fächer davongeschritten waren. Statt mit der Flinte schoss ich mit der Kamera.

Es gab da oben einen Schlag, übersät mit großen Felsbrocken und niedrigem Bewuchs, wie eine Arena, etwa 200 m im Geviert. Rings umstanden ihn ehrwürdige Fichten und Tannen, die

Balzbäume. Das glepfte, glöckelte und schnackelte um mich her, die wahre Freude.

Eines Morgens, im ersten Büchsenlicht, zog in allernächster Nähe ein interessanter Gamsbock über den Schlag. Der rechte Schlauch war in zweidrittel Höhe abgebrochen und der Stumpf, schon überwallt, nach vorn gebogen. Der hätte mich gereizt. Als ich das dem Peter und dem Berufsjäger erzählte, war letzterer ganz aufgeregt:

„Also lebt er noch, der alte Loder! Den hat vor zwei Jahren ein Gast beschossen und dann nur den Schlauch getroffen, der Herr Kunstschütz'. Den Bock hat's zamm'g'haut wie vom Blitz derschlag'n. Wir gehen freudig hin, da ist er auf und davon. Der Schweißhund hat nur das obere Stückl vom Schlauch – einen schönen Hackl – gefunden. Seitdem blieb der Bock verschwunden."

Von diesem Jagdgast wusste der Friedl eine weitere Heldentat zu berichten: Auf dem Weg, über die Grabenbachstraße hinauf zum Höherstein fahrend, entdeckten sie am Gegenhang einen jagdbaren Gamsbock. Der Gast stieg aus und legte die Büchse auf dem Dach vom froschgrünen VW des Berufsjägers auf. Der Schuss dröhnte, der „Käfer" erbebte, der Bock empfahl sich beleidigt und gesund. Was war geschehen? Durch den schrägen Winkel, ein wenig bergab, berührte der Büchslauf das Autodach und die Kugel riss eine tiefe Schramme ins Blech. Als der „Meisterschütze" nach Wochen wieder im Revier war, überreichte man ihm unter großem Hallo die Jagdtrophäe: Auf einem schön geschnitzten Geweihtaferl war ein froschgrünes VW-Käfer-Spielzeugmodell montiert. Nebenbei bemerkt, der Gast hat die Jagd inzwischen an den Nagel gehängt. Seine jagdfeindliche Ehehälfte soll daran nicht ganz unschuldig gewesen sein. Sie fand schon immer die Jäger abscheulich, denn sie seien Unmenschen und verkappte Kannibalen. Der beste Beweis dafür sei das Jagdsignal „Treiber in den Kessel."

Bevor er endgültig das „grüne Kleid" auszog, leistete er sich noch etwas, das ihn bei seinen Jagdfreunden unvergessen gemacht hat.

Einer seiner jagdlichen Gönner hatte ein gepflegtes Revier, in dem traditionell jährlich einmal zu einer groß angelegten Entenjagd geladen wurde. Inmitten dieser gräflichen Eigenjagd liegt ein ziemlich umfangreicher, von dichtem Schilf umsäumter Weiher. Dort durfte bis zum Beginn dieses Ereignisses in der weiteren Umgebung kein Schuss fallen. Wer dazu geladen war, konnte sich glücklich schätzen, denn es war neben der berühmt guten Strecke auch ein gesellschaftlicher Höhepunkt des Jagdjahrs.

Der Weiher wurde weiträumig umstellt, und die Schützen sollten nach einem zuvor ausgemachten Zeitpunkt konzentrisch auf den Schilfgürtel zugehen. Dass beim Angehen – um Himmels Willen – ja kein Schuss fallen dürfe, war nichts weiter als eine allgemein bekannte Selbstverständlichkeit. Wenn dann alle Jäger leise, auf Schrotschussentfernung an den Weiher herangerückt wären, würde der Jagdherr den Hebschuss abgeben. Die in Wolken aufsteigenden Enten kämen dann den gemeinschaftlichen Flinten günstig vor die Rohre.

Die Schützen wurden mit Fahrzeugen in die weitere Entfernung herangebracht. Nun schritten die Weidmänner, so auch unser „Meisterschütze", auf lautlosen Sohlen, die Flinten im Halbanschlag, voller Erwartung dem Weiher zu.

Als der Ring der Jäger nur noch etwa hundert Meter vor dem Wasser war, strich eine Krähe über ihre Köpfe. Da konnte sich der große Nimrod nicht mehr beherrschen. „Bum – bum" doppelte er auf den schwarzen Vogel.

Mit großem Flügelrauschen erhob sich aus dem Weiher die mehrhundertköpfige Entenschar, schraubte sich empor in die Lüfte und entschwand in der Ferne. Ohne dass eine der Ihren den lauernden Rohren zum Opfer gefallen wäre.

Die Krähe fiel übrigens auch nicht herunter. Stattdessen fielen die wütenden Entenjäger über den Schusshitzigen her. Das war seine letzte jagdliche Ruhmestat.

Hin und wieder sehe ich ihn – nun als totalen jagdlichen Nichtraucher, an der Hand seiner fürsorglichen Gattin, mit ein wenig gesenktem Kopf durch die Münchner Fußgängerzone tappen.

Doch nun nach diesem Ausflug zurück zum Höherstein.

„Wie wär's, magst den Gamsbock mit dem fehlenden Hakl statt dem Hahn schießen?" So der Peter.

Da sagte ich nicht nein, sondern fiel ihm um den Hals. Ein Gamsbock mit Vorgeschichte, und auch noch abnorm, das hat unwiderstehlichen Reiz.

Mitte August bezog ich mit Frau und Hund die neue, nach frischer Holztäfelung harzig duftende Hütte. Der Freund hatte mir neben dem Gamsbock auch einen Rehbock nach eigener Wahl freigegeben und das Revier stand mir offen. Was konnte es Schöneres geben.

Als Erstes wollten wir uns dem Einhakeligen widmen. Die Suche musste wieder am Hahnenplatz beginnen, da, wo ich ihn entdeckt hatte. Dem Jäger Friedl war er in der Zwischenzeit jedoch noch nicht begegnet. Das Ungewisse macht erst den wahren Reiz der Jagd aus, und von „angebundenem" Wild – *„genau um Viertel nach achte kimmt der Zwölfer-Hirsch da hint bei der gross'n Tann"* – habe ich noch nie was gehalten.

Am unteren Rand des kesselartigen Schlags, wo sich der lückige Wald von Buchen und Nadelholz hinauf zum Kamm des Höherstein zieht, steht gut gedeckt, ein Bodensitz. Man kann rückaus in den Schlag schauen, sowie nach vorn in den Hang, in dem sich in etwa 100 m Entfernung ein Felsblock, groß wie ein doppelstöckiges Haus, erhebt. Dort ließen wir uns nieder, nachdem das Gepäck in der Hütte untergebracht war und wir über den Bergrücken zu unserem Platz gepirscht waren.

Es war früh am Nachmittag, die Rehbrunft war sicher schon vorbei. Im Berg jedoch kann es noch den einen oder anderen suchenden Bock zu betören geben. Um diese Wochen spürt man im Gebirg schon den überschrittenen Zenit des Jahres. Die Luft wird seidig, das Lahnergras ist in den Höhen bereits leicht ockern überhaucht.

Hinter uns im Schlag zeigten sich bald einige Gamsmütter mit ihren übermütig umhertollenden Kitzen. Bei solch einer unruhigen Gesellschaft ist ein feister Gamsbock nicht zu suchen. Immer wieder wanderten unsere Blicke durch den weit überschaubaren Hang. Plötzlich stupfte mich meine Frau mit ihrem Ellbogen und deutete mit Kopfnicken in Richtung der kleinen Felsmauer. Da standen zwei Rehgestalten. Sie hatten sich offenbar gerade erst aus dem Beerkraut erhoben. Glas hoch! Vorn ein Bock, hint' die Geiß. Er trug ein kurz verecktes Sechsergehörn und schien nach seiner kantigen Figur nimmer der Jüngste zu sein. Spektiv heraus! Eigenartig, das mir zugewandte, linke Licht des Bocks erschien milchig überzogen. War der blind? Immer, wenn er das Haupt vom Äsen erhob, konnte ich es sehen. Noch tat er keinen Schritt. Da stieß ihn die Geiß am Schlegel an, er zog ein, zwei Schritte weiter und begann wieder zu äsen. Wir konnten das einige Zeit beobachten. Er getraute sich nicht, allein zu ziehen, die Geiß zeigte ihm mit immer erneutem Anstupfen den sicheren Weg. Wir waren gebannt und berührt von dieser einmalig erschauten Tierfreundschaft. Der Bock war offensichtlich blind. Dabei wirkte er keineswegs hinfällig. Aber musste man da nicht als Jäger eingreifen? Konnte er so den Winter überstehen? Sicher war die Erblindung erst jüngeren Datums, sonst hätte er doch klapperdürr sein müssen.

Zum Schuss entschlossen, hob ich die Büchse. Die zwei standen nah' beieinander, direkt vor der glatten, senkrechten Felswand. Wenn ich jetzt schießen würde, dann gäb's böse Abpraller von Steinsplittern, die mit Sicherheit auch die Geiß getroffen hätten. Also warten! Schneckenlangsam äste sich das Paar voran. Immer wieder dieses Anstupfen, Anschieben der Geiß, wenn's weiter gehen sollte. Endlich, nach vielleicht zwanzig Minuten waren sie an der Felsmauer vorbei. Der Schuss ließ den Bock in der Fährte zusammenbrechen, den Knall hatte er nicht mehr vernommen. Und dann – ich hatte so etwas Bewegendes schon einmal erlebt – stieß die Gefährtin den reglos Daliegenden an: „Komm! Auf! Weiter!"

Es dauerte eine schmerzlich lange Weile, bis sie begriffen hatte, dass es mit ihm vorbei war. Mit gespreiztem Spiegel stelzte sie davon.

Bei diesem jägerischen Tun bewegten mich zwiespältige Gefühle. Nach unserer menschlichen Betrachtungsweise musste ich den Blinden vor weiterem Leid, das sicher bald eingetreten wäre, bewahren und als Jäger das Nächstliegende tun. Dadurch zerstörte ich zwar eine Tierfreundschaft, aber hier war jede Sentimentalität fehl am Platz.

Was wissen wir über die Beziehung zwischen den Tieren?

Dass mein Schuss eine Erlösung war, sahen wir in aller Deutlichkeit, als wir zur Felswand, zum Erlegten hinaufgestiegen waren. Die Lichter waren beidseitig erloschen. Zudem wurde offenbar, wie sehr er doch schon abgekommen war. Das nur knapp luserhohe, kurz vereckte Sechsergehörn hatte tief herabgezogene Dachrosen, sie überdeckten die kurzen Stirnzapfen fast völlig. Die Zähne waren fast bis auf die Kieferknochen abgeschliffen. Er war sicher über sein erstes Jahrzehnt hinaus.

Der Heimweg über den Grat des Höhersteins mit dem geringen Greis im Rucksack wurde mir nicht sauer, mit einem Feistgams, da hätt' ich, schnitzelmürb geschleppt, schon öfter verschnaufen müssen.

Vor der Hütte stand der Geländewagen vom Peter, ein kleiner, schmaler Haflinger, der zwar wenig Platz bietet, aber klettern kann wie ein Gams. An der Hüttenwand hing im Schatten der Abendsonne ein Schmaltier, das der Freund bei der Morgenpirsch erlegt hatte. Dessen Leber legten wir, schön in Scheiben geschnitten, in den geschwätzig vor sich hinplätschernden Hüttenbrunnen. Wir wollten's für heute gut sein lassen, die zwei Beutestücke sollten gebührend gefeiert werden. Nach ein paar Stunden im frischen Quell gewässert, gewürzt mit den Kräutern aus des Herrgotts Naturgarten, war die Leber zart und köstlich. Man hätte sie, ohne zu schneiden, nur mit der Gabel essen können. Während meine Frau einen Schmarrn vorbereitete, der Schnittlauch dazu wuchs ja nur wenige Meter vor der Hütte, machte ich mich auf die Suche nach ein paar Schwammerln. Groß war meine Ausbeute nicht, doch eine gute Handvoll Reherl und die ersten Steinpilze des Jahres konnte ich zum Festmahl beisteuern. Aus dem Hüttenkeller holten wir ein Glas mit Preiselbeeren und als Krönung einen feinen Zweigelt vom Scheiblhofer aus dem burgenländischen Andau. Lange nach dem Mahl saßen wir noch bei Kerzenschein beisammen. Die Fenster und die Türe hatten wir weit geöffnet, dass die würzigen Düfte von Wald und Moor sich mischten mit dem Rauch von Pfeife und Virginia. Unser Hund lag an der Türschwelle und lauschte hinaus in die Nacht, wo hungrig die jungen Käuze riefen.

Die nächsten Tage machten wir uns bei wechselnden Ansitzplätzen weiter auf die Suche nach dem Gamsbock. Jetzt mitten in der Feistzeit könnte er am ehesten in kühlen Gräben oder in einem anderen schattigen Einstand zu finden sein. Vom ersten kaltblauen Morgendämmern bis zur letzten Tagesstunde, da der Wald sich schläfrig im Zwielicht verdunkelt, verhockten, verlauerten, verträumten wir die Zeit an den geheimsten Plätzen. Aber alle Tage kamen wir mit blankem Büchsrohr, doch voll bunter Erlebnisse zur Knerzn zurück.

Ein kleines Ereignis am Rande unserer Pirschgänge war für unsere junge Kurzhaarhündin „Norma" eine Lehre fürs Leben. Eine fette Kröte – im Salzkammergut heißen sie „Hitsch'n" – kroch gemächlich über unseren Steig. Schnell fasste die unerfahrene Hündin zu und genau so schnell spuckte sie die „Hitsche" wieder aus. Das ätzende Sekret ließ sie vor Ekel schäumen, dass ihr Fang ausschaute wie bei einem Keiler in der Rauschzeit. In den nächsten Tagen kamen wir noch mehrmals an diesem Platz vorbei. Sobald wir uns der Stelle näherten, fing die Norma erneut an vor Grausen „Schaum zu schlagen".

Am vorletzten Tag unserer Ferienzeit, wir waren schon ein wenig pirschfaul geworden, nahmen wir den kleinen Steig gleich hinter der Hütte, der nach wenigen Minuten zu einem nahen Bodensitzerl führt. Da blickt man auf einen weiten Lahner, über

Blick von der Knerznhütte zum Loser   *Der Peter mit seiner „Kletterkatze"*

Die Strecke des kleinen Rieglers

den sich ein beliebter Wechsel zieht. Es ging uns eigentlich nur um Anblick, der hier garantiert war. Richtig faul waren wir geworden, hatten lange ausgeschlafen, ausgiebig gefrühstückt und wollten nur zum Schauen und Fotografieren da hinaufsteigen.

Da ich ja auch einen Schmalspießer frei hatte, so war die Büchse, nach dem Motto: „Fuchs kann immer kommen", ohnehin dabei. Noch gar nicht lange saßen wir, da zog am oberen Rand des Bergrückens auf etwa 100 m ein Stuck mit Kalb. Wir waren ganz versunken in den Anblick der beiden, da geriet in meinen äußeren Blickwinkel eine Bewegung: Ein Gams. Das Glas geschwenkt. „Herrschaftsakra!" Der Einhaklige! Hier also treibt sich der alte Heimlichtuer umeinander! Da gab's kein langes Überlegen und Spekulieren. Bevor ich schießen konnte, war er von einem Latschenboschen verdeckt, sodass mich das Jagdfieber zu beuteln begann. Doch dagegen gibt's ein probates Mittel: Mund und Nase zuhalten und die Luft pressen. Da ist man für kurze Zeit kalt wie eine Essiggurke.

Als der Gams nach kurzer Zeit frei im Hang stand, war der Schuss da hinauf kein Kunststück. Der Bock schlittelte verendet auf dem Lahnergras herab und blieb an einer Zirbe hängen.

Wenn's mag, kann das Jagern recht einfach sein. Manchmal ist es wirklich so: Suchet nicht, dann werdet ihr finden! Ein alter Allgäuer Jäger hatte mir als jungem, ungeduldigen Springnickel einst die Luft herausgenommen: „Allat hofele! Du kaascht es it verg'wolte!" (Immer langsam! Du kannst es nicht erzwingen.)

Hundeleben

Schlag auf Schlag hallt der Standlaut meiner BGS-Hündin „Raika" durch den winterlichen Wald. Am Vorabend hatte ein Jäger einen geringen Hirsch angeschweißt. In der Annahme, er brauche ihn nur noch aus der angrenzenden Dickung herauszuziehen hatte er ihn stattdessen aus dem Wundbett hochgemacht. Anderntags wurde mit zwei Hunden gesucht, kreuz und quer, bis sie nicht mehr weiter fanden. Zu viele Verleitungsfährten. Rotwild, Sauen, Rehwild, Hasen, Füchse – alle hatten nachts die Fährte gekreuzt. Erst am Nachmittag holt man uns. Am Anschuss finden wir grünlichen Panseninhalt. Die Wundfährte zeigt anfangs noch ein wenig Schweiß, fast bis zur Unkenntlichkeit zertrampelt. Nur ab und an verweist meine „Rote" noch ein Tröpfchen, dann finde ich keinen Hinweis mehr. Doch die Brave, die mich nie im Stich gelassen hat, hängt unermüdlich fest im Riemen. Auch ohne Bestätigung darf ich ihr vertrauen, sie war bisher immer gescheiter als ich gewesen. Der alte Spruch, dass der Depp immer am Ende des Stricks hängt, von dem kann man ausgehen. Bis wir endlich nach zwei Kilometern vor einer Dickung stehen, sie die Nase hochnimmt und geschnallt werden will. Nach kurzer Hatz hat sie den Hirsch gestellt und verhindert mit scharfen Attacken sein Ausbrechen. Mit gesenktem Haupt wehrt er die Hündin ab. Ein herrliches Bild – der Rote Hund, der den Hirsch verbellt. Allein dafür lohnen sich alle Mühen. Ich sehe das rote Schussmal mitten drauf. Was muss das Wild gelitten haben! Ständig äugt die Raika nach mir, wohl wissend, was jetzt gleich passieren wird. Als der Hund aus der Schusslinie, und der Fangschuss verhallt ist, steht sie stolz wedelnd vor ihrem erlösten Stück, blickt mich an, als wollte sie sagen: „Das war doch klar, dass wir das schaffen!"

Früh in meinem Leben kam die Prägung auf Schweißhunde. Doch erst nach Jahrzehnten konnte ich meinem Sehnen nachgeben. In mein erst sechsjähriges Dasein kam damals ein Hannoverscher Schweißhundwelpe mit seinem rußschwarzen, samtigen Gesicht, mit seinem ruhigen, aufmerksamen Wesen, der mich jeden Tag nach der Schule am Gartentor rutenwedelnd erwartete. Wir hatten ihn im Frühjahr von einem Förster geholt. Das Forsthaus lag weltfern an einem der dreitausend masurischen Seen. Bei der Heimfahrt mit dem Ruderboot durch die von Schilfwäldern umsäumten Kanäle ließ ich den Kleinen, trunken vor Seligkeit, nicht mehr aus meinen Armen. Das Glück jedoch währte nur einen Sommer und einen kurzen Herbst. Als die Russen nur wenige Kilometer vor meiner Heimatstadt Königsberg standen, mussten wir ihn, unseren Bonzo, wie so unendlich Vieles zurück lassen. Dass wir ihn und unsere Heimat niemals wieder sehen würden, das kam uns nicht in den Sinn – das war unvorstellbar. Noch jahrelang quälten mich Träume, wie der Hund mich suchen würde und wie er wohl geendet wäre. Er blieb zwar gut versorgt bei unserer litauischen Haushälterin, aber man weiß nur zu gut, wie gerade Jagdhunde – für die Kommunisten das verhasste Herrensymbol schlechthin – stellvertretend gemeuchelt wurden. Das war auch schon der Brauch nach der Russischen oder der Französischen Revolution. Wenn der Deckel zu schnell vom Drucktopf genommen wird, dann fliegen die Fetzen.

Es folgten die finsteren Nachkriegsjahre, in denen man froh war, wenn's für einen selber halbwegs was zu essen gab. Doch immer schwelte in mir, wie auch in meinem Bruder, der Wunsch nach einem Hund. Als es wieder aufwärts ging mit uns allen und ein Bekannter einen Wurf Dackel hatte, ließen wir den Eltern keine Ruhe. Für ihre jagdpassionierten Söhne machten sie 50 nagelneue, hart erkämpfte D-Mark locker. Glückselig trug ich dann „wonnetrunken" einen angeblich rassereinen Rauhaardackel heim. Aber bald stellte es sich heraus, dass es ein „mopsgedackelter

Windhund" werden würde. Doch das tat unserer Liebe keinen Schaden. Nur – dieser grässliche Ringelschwanz! Der beleidigte unser Auge derart, dass wir versuchten, ihn durch Schienen gerade zu bekommen. Alles vergebens. Unser „Strolchi" musste halt so bleiben. Wir hatten noch kein Jagdrevier, die gab es in diesen Endvierzigerjahren noch nicht, oder nicht mehr. Dafür jagten, wilderten die Amerikaner so weit der Himmel blau war. Denen schlichen wir hinterdrein und boten uns scheinheilig zur Nachsuche an, wenn sie ein beschossenes Wild nicht finden konnten. Der Strolchi wurde so zum Spezialisten im Auffinden von Enten, Fasanen und Rebhühnern. Und wir versteckten so manchen Vogel, den man „leider, leider nicht finden" konnte. Das war jedes Mal eine wunderbare Bereicherung des Küchenzettels. Der kleine Kerl war auch ein hilfreicher Mäusehund. Sie werden fragen – Mäusehund? Ja, wir hatten zwei junge Turmfalken in der Meinung aufgezogen, wir könnten Beizvögel aus ihnen machen. Als deren Atzung brauchte ich Mäuse. Das war Strolchis Aufgabe. Die Mauslöcher in den Wiesen kontrollierte er mit lautem, schnüffelndem Schnarchen. Wenn Mäuse drin waren, legte er los: Er buddelte wie besessen, und wenn er kurz vor der Beute war, hörte sein Wedeln auf. Das war so eine Art Vorstehen. Dann zog ich ihn schnell am Schwanz heraus und fasste selber zu. So brachte ich in den Taschen meiner Lederhose stets lebende Mäuse für unsere Falken herbei. Dadurch wurden sie für ihr späteres Leben vorbereitet, denn wir ließen sie im Herbst frei, wir hatten eingesehen, dass sie nicht die rechten Beizvögel werden konnten; zudem dauerten uns die eingesperrten Tiere.

Auch dieses Hundeleben war nicht von langer Dauer. Eines Tages begleitete mich eine uns besuchende Tante mit dem Hund zum Vorortszug, der mich zur Schule nach München bringen sollte. Als der Zug den Bahnhof verließ, entkam er ihr und rannte kläffend unter dem Zug dahin. Bald wollte er das Wettrennen aufgeben und seitlich heraus. Das konnte nicht gut gehen – die Räder haben ihn regelrecht geköpft. Abends beim Heimkommen hat man's mir sagen müssen. Diesen tiefen Schmerz konnte ich lange nicht überwinden.

*

Mein Vater, selber ein unheilbarer Hundenarr, sah eines Tages auf einer Geschäftsreise, wie ein Jäger eine Deutsch-Kurzhaarhündin zur Wasserarbeit abrichtete. Die Männer kamen ins Gespräch und am Ende kaufte der Vater den Hund für seine vor Passion glühenden Buben. Es gibt ja den Spruch: „Ein Vater hatte zwei Söhne. Einer davon war normal, der zweite war ein Jäger." Nun, – unser Vater hatte zwei solch unnormale Sprösslinge. Er selber wollte nach diesem furchtbaren Krieg kein Gewehr mehr in die Hand nehmen. Doch seinen Buben, die jetzt in eine Friedenszeit hineinwuchsen, denen wollte er jeden Weg ebnen, um gute Jäger zu werden. Und dazu gehörte unabdingbar ein brauchbarer Hund.

Diese Hündin, „Alexa v. d. Römerstraße" wurde die Stammmutter einer Kurzhaarlinie, aus der fast ausnahmslos Spitzenhunde hervorgegangen sind. Die Hündin selber war durch falsche Prägung in ihrer Jugend ein recht mangelhafter Jagdhund, wenn man von ihrer hervorragenden Wasserarbeit absah. Doch ihre Anlagen waren allererste Qualität, und die hat sie erfolgreich weitergegeben.

*

Aus ihrem zweiten Wurf behielt mein Bruder, der als der Ältere in allem das Vorrecht hatte, einen Welpen, „Birko v. d. Achenburg". Er wurde von uns beiden abgeführt, wobei wir sicher so manche Fehler machten. Jedoch dieser robuste, bierruhige Rüde war nicht leicht aus der Bahn zu bringen. Nachdem er die beiden Prüfungen „Derby" und „Solms" mit ersten Preisen bestanden hatte, ereilte ihn die Staupe. Damals gab's noch keine Schutzimpfung, zumindest nicht in unserem Dorf. Die schlimmste Krise überstand er auf Anraten des Tierarztes – dieser war mehr ein primitiver „Viechdokter" – mit starkem Kaffee. Das sollte seinen Kreislauf stärken. Immerhin, er überlebte. Nur behielt er von der Staupe eine merkwürdige Nervenschwäche zurück. Immer, wenn es aufregend wurde, bekam er einen Atemkrampf. Dann schnarchte und ächzte er ganz fürchterlich. Vergleichbar mit einem Menschen, der in einem fort krampfartig die Nase hochzieht. Man musste sie ihm nur kurzzeitig zuhalten, dann verging der Anfall. Schlimm war es, wenn im Dorf eine Hündin heiß war. Damals liefen alle Hunde noch frei herum, und so büxte der Birko regelmäßig aus, um vor dem Haus der Angebeteten mit anderen hergelaufenen Freiern zu heulen und zu raufen. Das ging so weit, dass er den Metzgerhund, einen riesigen Schäfer-Mischling, umbrachte. Er selber kam mit von Bluterguss angefülltem Kehlsack hinkend vom Schlachtfeld. Als er dann zur VGP, der Vollgebrauchsprüfung, kam, absolvierte er alle Fächer mit Höchstnote. Bis zum Schluss, als die Schweißarbeit drankam. Da befiel ihn wieder dieser Schnarch-Anfall, sodass seine Leistung nicht zum Suchensieger reichte. Seinen Spitznamen „Massenmörder" bekam er, als er bei unserem Freund und Nachbarn in den Hühnerstall einbrach und etwa fünfzig Kapaune wie im Blutrausch killte. Danach zahlte und kündigte zugleich die Versicherung, und bei uns gab's wochenlang Hähnchen.

*

Nachdem aber der Birko meinem Bruder gehörte, wollte auch ich einen Hund für mich allein haben. Weil wir nun schon einen Feldhund hatten, wünschte ich mir unbedingt einen Dackel. Über den Jagdhundeverein kannte ich einen alten Jäger, den „Dackel-Scholz", der Züchter von Rauhaardackeln war. Von ihm erwarb ich einen kleinen Rüden. Er führte im Stammbaum den bombastischen Namen „Hasso v. Brabant". Hasso – welch unpassender Name für einen kleinen Hund. Da stellt man sich ein mächtiges Hundetier vor. „Wasti" erschien mir viel besser, und so wurde er feierlich mit einem Schluck Bier, wie sich das für einen bayrischen Dackel gehört, umgetauft. Zwar wurde er nicht rauhaarig, es hatte sich ein kurzhaariger Ahne „durchgemendelt", das war mir sogar noch lieber. Er war ein stiller Bürger. Brav, bieder, ohne große Probleme wurde er schnell zum praktischen Jagdbegleiter, denn ich konnte ihn leicht auf den Hochstand mit hinauf nehmen. Als er erwachsen war, waren die ersten Versuche als Bauhund sofort erfolgreich. Voller Passion schloff er in die Röhren, machte den Füchsen die Hölle heiß; sie sprangen wie der Blitz. Eines Tages jedoch, er war schon etwa drei Jahre bei mir, da kam er nicht mehr aus dem Bau heraus. Stunde um Stunde warteten wir, es wurde langsam Nacht – kein Wasti. Auch war aus der Tiefe kein Laut zu hören. Ich legte vor dem Bau Jacke und Rucksack ab und fuhr heim, um Spaten und Hilfe zu holen. Als ich mit meinem Bruder nach langem Graben den Kessel erreicht hatte, wo Hund und Fuchs hätten stecken müssen, war dieser leer. Eine schlimme Nacht lag vor mir. Auch am nächsten Morgen saß kein Wasti auf dem Rucksack, und selbst Jagdhorn-blasen an allen Ecken und Enden des Waldes – das kannte er – lockte ihn nicht herbei. Jeden Tag suchte, rief und blies ich vergeblich. Dann fragte ich im Dorf beim Wirt nach, der mich und den Hund kannte, und er verwies mich an seinen Knecht, der fürs Vieh zuständig war, der hätte was von einem Hund erzählt. Und richtig – Volltreffer.

„Ja, freili'", sagte der, „alle Tag auf'd Nacht kimmt a kloana Dackl daher, sauft a Schüsserl Muich, schlaft im Stoi und in da Fruah is a nacha furt".

Voller Spannung erwartete ich den Abend und schaute auf der Straße vorm Gasthaus nach meinem kleinen Freund aus. Und wirklich, auf einmal wackelte er daher. Schön brav auf der linken Straßenseite, dem Verkehr entgegen. Als ich ihn mit Freudentränen in die Arme nahm, zeigte er keine sonderliche Regung. Er ging „kommentarlos" mit, als wäre er nur mal eben um die Ecke

„Raika"

„Cita"

„Norma"

gewesen. Der Wasti zeigte ohnehin keine Emotionen. So war es auch Monate später bei seinem Ende, als er unerkannt litt, still, wie er immer gewesen war. Der Tierarzt meinte nur, er hätte etwas Falsches gefressen. Ein paar Tage später war er tot. Die Untersuchung in der Uni-Klinik ergab Lungenentzündung. Hätte ich nur gleich diesen Pfuscher von „Viechdoktor" gewechselt! Es war derselbe, der auch den Birko falsch auf Staupe behandelt hatte. Meine bitteren Selbstvorwürfe kamen nun zu spät, sie haben mich jedoch später vor allen Nachlässigkeiten bewahrt. Es kamen nach diesen Erfahrungen nur erste Spezialisten für meine Hunde infrage.

*

Auf den Suchen schauen sich Hündinnen-Besitzer stets nach geeigneten Deckrüden um. Und so kam die Paarung mit „Amsel vom Schweiklberg" und „Birko" zustande. Aus diesem Wurf bekam ich als Decktaxe das Wunschkind: meine „Cita". Ich habe ihr in meinem Buch („All das ist Jagd") ein Kapitel gewidmet. Sie war der „Hund meines Lebens". Genauer gesagt, der „Feldhund" meines Lebens. Denn von den Schweißhunden ahnte ich damals noch nichts. Wenn man, wie wir zwei, vierzehn Jahre zusammen intensiv gejagt hat, Tag und Nacht beisammen war, dann wächst man zusammen. Noch dazu waren es die goldenen Jahre der Niederwildjagd, wo vor und mit ihr mehrere tausend Stück Wild erlegt wurden. Dazu gab's für sie jede Menge Nachsuchen. Selbst auf der Jagd im Hochgebirge, die schon früh meine große und wahre Liebe war, stand sie ihren „Hund". Ruhig und besonnen kletterte sie auch schwierige Passagen. Nachdem kleine Jugendsünden wie Privatjagdl auf Reh und Gams überwunden waren, ging sie dann Zeit ihres Lebens nur frei „bei Fuß". Ihre Wesensfestigkeit war unübertroffen. Sie war scharf auf Raubzeug wie der Satan, doch angeschossenes Federwild brachte sie sanft, noch lebend, ohne fest zuzupacken. Ein alter Jäger sagte einmal über sie: „Im Vergleich mit ihr ist dem Deifi sei Großmuatter a Rauschgoldengel!" Unsere Kinder verteidigte sie auch gegen uns Eltern, wenn sie etwas angestellt hatten und sich ein Unwetter über ihnen zusammenbraute. Dann verzog sich die ganze „Bande" in die Tageshütte der Hündin. Wollte man einen der Übeltäter da herausholen, bekam man die weißen Zähne der Cita zu sehen. Als eines Tages plötzlich ein Fremder in unserem Hausgang stand, flog sie ihm förmlich an die Brust und riss ihm Hemd und Latzhose vom Leib. Zitternd stand er da und bettelte, vor Angst stotternd, man möge doch das Untier zurückhalten. Da wir viel auf Reisen waren, wurde sie zum „Welthund", so wie es ja auch den „Weltmann" gibt. Nur musste sie die Gepflogenheiten des Hotellebens erst lernen. Einmal, als ich mit meiner Frau beim Frühstück saß und die Cita derweil im Zimmer geblieben war, erreichte uns ein Notruf der Hotelleitung. Das Zimmermädchen, das inzwischen zum Aufräumen unser Appartement betreten hatte, wurde von der Hündin zunächst freundlich begrüßt. Doch als sie mit den gebrauchten Handtüchern den Raum verlassen wollte, stand die Cita zähnefletschend, drohend vor der Türe. Herein durfte die Frau, aber mit „Beute" wieder heraus – das ging nun wiederum zu weit.

Der Ruf ihrer jagdlichen Qualitäten verschaffte mir im Herbst einen vollen Terminkalender. Für ihre Zuchttauglichkeit waren neben der VGP, die sie mit Höchstpunktzahl erreichte, auch die Verlorenbringerprüfung (Vbr), und damals auch noch die Schärfeprüfung erforderlich.

Die „Vbr" wollte der Kurzhaarklub in einem Feldrevier abhalten. Ein Stück Wild, ich weiß nicht mehr, was es war, wurde in einem großen Kartoffelfeld niedergelegt. Die Richterkorona ging mit mir am Rande dieses Feldes dahin, und die Hündin musste vor uns ohne Bring-Befehl revieren. Plötzlich nahm sie die Nase hoch, zog an und hinein in die Kartoffeln. Kaum war sie da drin, sprang vor ihr ein riesiger grauer Kater heraus. Weit und breit kein Haus, kein Baum, kein Strauch und die Cita hinterdrein. In seiner Not, weil die Hündin schon dicht hinter ihm war, sprang er dem Nächstbesten, ausgerechnet dem Richterobmann auf den Buckel. Mit einem Satz hatte sie den sich Festkrallenden heruntergerissen und sekundenschnell abgetan. Dafür bekam sie zur Belohnung der Richtererrettung eine „Schärfe 4h".

Selbst ohne die übliche nachträgliche Verklärung war sie der Hund ohne Makel. Die Cita hatte nur zwei kleine Untugenden: Sie klaute. Das stellte sie sehr geschickt an. Sie wurde beobachtet, wie sie in unserem Wohnzimmer eine Pralinenschachtel leerte. Mit der Nase hob sie den mit vorstehendem Rand versehenen Deckel der Schachtel hoch und holte eine Praline nach der anderen heraus. Dann zog sie Nase zurück, der Deckel fiel zu – alle Spuren beseitigt. Die nächste Beute war der Osterschinken. Da war das Maß voll. Ich stellte eine Mausefalle mit leckerem Köder. Bald ertönte ein Schrei, und sie kam schuldbewusst, klein und flach wie ein Dackel, aus der Küche gekrochen. Dieses Schlüsselerlebnis lehrte sie Respekt vor der Mausfalle, die dauerhaft, auch ohne Köder, für Abschreckung sorgte.

Die andere Unsitte war das Buddeln. Ständig waren im Garten neue Löcher. Blumenzwiebeln flogen über den Rasen. Alle Tricks versagten. Selbst die Steinschleuder, die sonst Wunder bewirkte, half hier nichts. Diese Art von Schatzsuche hatte sie von ihrem Vater Birko geerbt, der auch ein begnadeter „Bergarbeiter" war.

Dagegen kam mir der Zufall zur Hilfe. Während eines Italienurlaubs waren wir täglich stundenlang mit unseren Kindern am Sandstrand. Dort langweilten sich Herr und Hund dermaßen, dass ich die Hündin, damit sie auch ein wenig Beschäftigung hatte, ständig aufforderte, zur Freude der Kinder im Sand tiefe Löcher zu graben. Endlich konnte sie sich, ohne geschimpft zu werden, nach Herzenslust ihrer Leidenschaft hingeben. Und, o Wunder, als wir wieder daheim waren, wurde nie mehr gebuddelt. Vielleicht hatte sie eingesehen, dass dabei doch keine Schätze zu finden sind.

Ihr jagdlicher Ruf war Legende. So war es kein Wunder, dass wir ihre Welpen aus meinem Zwinger „vom Fürstenfeld" nur an handverlesene Jäger weitergeben konnten. Auch diese Hunde haben weit über Bayerns Grenzen hinaus Glanzleistungen gezeigt. Noch nach vielen Jahren, nachdem die Cita und der letzte ihrer Nachkommen schon in den ewigen Jagdgründen weilten, fragten mich Jäger, ob wir denn nicht eine Nachzucht der Cita hätten.

In den vierzehn glücklichen Jahren unserer Symbiose, der des Jägers mit Hund – der ältesten zwischen Mensch und Tier – sind wir in gegenseitiger Liebe und Achtung eng zusammengewachsen. Für diese Liebe, wenn das viel zu eng bemessene Lebensalter des Hundes zu Ende ist, zahlte ich stets einen sehr hohen Preis. All meine Hunde habe ich mit ganzem Herzen geliebt. Dafür haben sie mir rückhaltlos alles gegeben, wozu sie überhaupt fähig waren. In der Zwischenzeit, in der ich ohne Hund war, machte mir die Jagd nur wenig Freude. Genauso fehlt mir etwas ganz Wesentliches, wenn ich umständehalber meinen Hund nicht auf die Jagd mitnehmen kann. Dann ist's meist nur halbe Freud' am Jagern. Der Hund, der Tag und Nacht bei einem ist, wird zum 6. Sinn seines Herrn. Ein Zwingertier kann nie diese höheren Weihen erlangen.

Ein Gleichgesinnter muss wohl mein Schwiegervater, den ich leider nie gekannt habe, gewesen sein. Als er im Sterben lag und der Priester zur letzten Ölung anrückte, fragte er diesen, ob er im Himmel wohl seine Hunde wiedersehen würde. Der Gottesmann war entrüstet über eine solche Zumutung, es sei doch das Paradies ausschließlich nur für die im richtigen Glauben getauften Menschen vorgesehen. Als mein Schwiegervater darauf sagte: „Wenn meine Hunde da nicht sind, dann will ich dort auch nicht hin", verließ ihn unverrichteter Dinge der zutiefst schockierte Seelenhirte.

Nur ein einziges Mal habe ich mich von einem Hund zu dessen Lebzeiten getrennt. Als meine Cita altershalber nicht mehr so belastbar war, holten wir uns vom Oberrhein einen Kurzhaar-Welpen. Doch das ging nicht gut. Beide Hunde waren Solo-Hunde und vertrugen keinen anderen neben sich. Die Cita sagte mir den Dienst auf, und die junge Hündin wurde zur Streunerin.

Ich fand für sie einen sehr guten Platz bei einem Jagdfreund, danach streunte sie nicht mehr, und die Cita bewies mir umgehend durch eine erneute Glanzleistung, dass ich noch lange keinen Ersatz für sie bräuchte. Doch die Jahre, die ihr noch gegeben waren, wurden von einem schnell wuchernden Leberkrebs beendet. Über den Trennungsschmerz brauche ich wohl keinem Hundebesitzer etwas zu erzählen.

*

Als Pächter eines großen Niederwildreviers konnte ich mich nicht lange entsagender Trauer hingeben. Bald erfreute die kleine Kurzhaarhündin „Norma v. Donaumoos" die Familie. Ihre ersten 18 Monate waren jedoch eine arge Geduldsprobe für uns. Sie hieß nur der „Sargnagel". Ihre Nage- und Reißteufelfreude kannte keine Grenzen. Was erreichbar war, wurde zerfetzt. Eines Tages, als nur unsere Haushälterin mit dem jungen Hund daheim war, legte sie ein soeben abgegebenes Paket in den Hausflur und ging heim. Da machte sich die kleine Norma darüber her. Das Paket mit raschen Rissen ihrer emsigen Nagezähne geöffnet, und den Inhalt – es waren Muster von duftigen Kommunionkleidern – in kleine Fetzen zerrissen. Ein neues Design entstand – der Fetzenlook fürs Fest. Ein andermal, wir weilten zum Skifahren bei der Schwiegermutter im Allgäu, da sperrten wir die Hündin ins samstäglich leere Schneideratelier. Als wir von der Piste zurückkehrten, bot sich uns ein Bild der totalen Verwüstung. Wo wochentags vier Schneiderinnen wunderbare Dirndl und Trachtengwänder stichelten, da hatte der Reissteufel „Sargnagel" gehaust. Sämtliche Garnrollen, und es waren, wie man sich vorstellen kann, eine Unmenge, zerkaut und zerbissen. Die Schläuche der Geräte, mit denen man die Rocklängen mittels Talkumpuder aus einem Gummiblasebalg einzeichnet, waren zu kleinen Stücken verkürzt. Der Puder lag über Allem, fein zerstäubt, es sah recht neblig im Atelier aus. Wir zogen die Köpfe ein, ob des dräuenden Ungewitters. Doch meine großherzige Schwiegermutter lachte nur und meinte, dass der kleine Hund wohl recht Zeitlang gehabt hätte.

Dabei hatte die Norma reichlich Betätigung. Fast jeden Tag war sie im Revier und wurde für die Prüfungen vorbereitet. Die absolvierte sie mit Glanz und reihte einen 1. Preis an den anderen. Mit 24 Monaten hatte sie die VGP bestanden, und bei ihr war zugleich der „Benimm-Groschen" gefallen. Von einem Tag auf den anderen wurde sie „heilig". Sie hatte die Flegeljahre überstanden. Durch viel Praxis im Jagdbetrieb und engen Kontakt brauchte es bald nur sparsamste Gesten, um ihr zu zeigen, was gefordert wurde. Sie wuchs zusammen mit dem Riesenschnauzer „Sascha" meiner Frau auf. Dieser Hund hatte eine unglaubliche Jagdpassion. Da unsere Freizeit sich hauptsächlich mit Jagd ausfüllte, lernte der Schnauzer auch alles, was ein Vollgebrauchshund können muss. Und all das leistete unsere „Sascha" vorbildlich – nur vorstehen konnte sie nicht. Die zwei Hunde wurden ein tolles Team, speziell, was das Stöbern anbetraf. Wenn wir zu einer Treibjagd eingeladen wurden, hieß es ausdrücklich: „Bringt ja den Schnauzer, den schwarzen Deifi mit!" Dessen Ruhm rührte von einer Nachsuche auf einen Fasangockel. Alle anderen echten Jagdhunde fanden den angeschossenen Vogel nicht. Unsere Sascha hingegen ließ nicht nach, suchte verbissen und kam nach langer Zeit stolz mit dem Gockel daher. Großes Hallo und Hüte-Lupfen.

Als wir unser Revier durch eine Intrige unseres bäuerlichen Mitgängers verloren hatten, beschlossen wir, den von uns aufgebauten Fasanenbestand dem Intriganten nicht zu hinterlassen. Wir hatten den Besatz von Null auf eine jährliche Ernte von etwa 100 Stück gebracht. Beide Hunde wurden hinter den kleinen Gehölzen abgelegt. Dann stellten meine Frau und ich uns vor. Ein Pfiff, und die Hündinnen drückten langsam und gründlich die Deckung durch. Sie ließen sich auch durch unsere Schüsse nicht aus ihrem gründlichen und gemächlichen Tempo bringen. Rehe wurden dabei von allen Beteiligten ignoriert. Das Tollste an der

„Kira", der Riesenschnauzer, mit der kleinen „Silva"

„Silva"

Chefin „Bimperl" mit „Raika"

Sache war, dass die Norma beim Stöbern mit dem Riesenschnauzer nicht mehr vorstand. Sie hatte von ihm gelernt, dass Vorstehen in dichtem Unterwuchs sinnlos war, dass sie ja, zusammen mit der Gefährtin, das Wild, Hasen und Fasanen, herausdrücken sollte. Nach dem Verlust des Reviers trat, abgesehen von herbstlichen Treibjagdeinladungen, eine jagdliche Zwangspause für beide Hunde ein.

Die Norma erreichte ein Alter von 13 Jahren. In ihren letzten Jahren machten wir oft Urlaub in Südtirol. Bei einer samstäglichen Wanderung, sie war schon 12 Jahre alt, – ganz Völs weilte beim Begräbnis des Bürgermeisters – kamen wir an dessen Hof vorbei. Alles lag still, nur die Hühner scharrten gackernd vor dem Anwesen. Da wollte unsere brave Norma es noch mal wissen. Sie, die ihr Leben lang jedes Hausgeflügel verächtlich ignoriert hatte, preschte plötzlich in die Hühnerschar hinein, schnappte sich einen Mistkratzer, schlug ihn sich um die Behänge, zerknautschte ihn geradezu wollüstig, dass die Federn flogen, und brachte ihn uns. Sonst apportierte sie alles Federwild noch lebend. Was war in den Hund gefahren? Wollte sie nach so langer Abstinenz noch einmal richtig zulangen? Wir haben das unglückliche Federvieh feige am Zaun liegengelassen. Mochten die Bauern meinetwegen den Fuchs anklagen!

*

Revierlos geworden, bekam ich beim Forstamt Ebersberg einen Pirschbezirk. Dadurch entstand ein enger Kontakt zum Wildmeister Konrad Esterl. Dieser, ein bekannter Schweißhundführer, brachte mir den lang ersehnten Zugang zu meiner Lieblingsrasse, den „Bayrischen". Durch Mitgliedschaft im Club für Bayrische Gebirgsschweißhunde – die war derzeit gar nicht so leicht zu bekommen – hatte ich das Recht auf eine Welpenzuteilung. Als Bürge für mein Bedürfnis, da ich nun in einem Hochwildrevier jagte – auch das musste nachgewiesen werden – hielt der Esterl Konrad seine Hand über mich.

Bald wurde mir ein Wurf angekündigt, aus dem ich einen Welpen bekommen konnte. Das wurde meine „Silva" (Isa v. Ilgental). Zu der Zeit hatten wir den Riesenschnauzer Nr. 2 meiner Frau, die „Kira". Die Hündin adoptierte gleich den Welpen, der sich in der gemeinsamen Hundekiste in den warmen Bauch der großen Schwarzen einkuschelte oder sich ganz frech auf sie draufsetzte. Die zwei waren fortan unzertrennlich. Nur ans erlegte Wild durfte man sie nicht gleichzeitig dranlassen, da war die Freundschaft zu Ende. Aber das ist eine Eigenschaft, die sich auch in der Folge bei all unseren Hunde-Duos wiederholte.

Als der Schnauzer in seinem zehnten Lebensjahr durch eine seltene Krankheit – es war eine Finne im Gehirn – von uns gehen musste, kam als Fraules Hund ein schwarzer Kurzhaardackel, das „Bimperl" (Jula v. Bernbach), in unsere Gemeinschaft. Der wiederum wurde von der „Silva", die an dem Verlust ihrer schwarzen Freundin sehr gelitten hatte, sofort als neue Genossin angenommen.

In jenem Jahr wurde ich an einem riesigen Hochgebirgsrevier in den Allgäuer Alpen teilhaftig. Da gab's für die heranwachsende Hündin viel Praxis. Daheim, im Ebersberger Forst, begann jedoch das wahre Lehrjahr für die junge Hündin. Freund Esterl, der Schweißhundemann mit einem Erfahrungsschatz unzähliger Einsätze, nahm uns unter seine Fittiche. Mit steigender Schwierigkeit konnte sie bei ihm Fährten aller Art arbeiten. In dem wildreichen Revier mit Rot-, Muffel-, Rehwild und Sauen waren Verleitungen bald kein Problem für die feinnasige Hündin. Dazu kamen viele Einsätze auf echte Nachsuchen. Wenn ich einmal selber nicht Zeit hatte, holte der Konrad sie bei uns zur Arbeit ab. Gerne ging sie mit ihm, sie wusste genau, jetzt gibt's Schweißarbeit. Zudem liebte sie den Wildmeister heiß und innig. Aber welcher Hund liebt ihn nicht? Im Herbst ihres zweiten Lebensjahrs – des ersten Behangs – sollte sie die Vorprüfung machen. Konrad und ich waren todsicher, dass die 24 Stunden-

Kunstfährte für sie reine Routine sein würde. Aber dann machte ich einen groben Fehler. Die Hündin hasste von Haus aus Katzen. Nie jedoch war sie zuvor mit ihnen in näheren Kontakt gekommen. Auf einem Reviergang bei einem Jagdfreund geschah es, dass dieser vor der Hündin eine verwilderte Katze schoss. Da dachte ich noch nicht an eine falsche Prägung. Als nun zwei Tage später die Prüfung stattfand, arbeitete die „Silva" die Fährte anfangs ruhig und sicher. Nach einigen hundert Metern sprang eine Katze kurz vor der Hündin aus dem Gebüsch und auf einen Baum. Aus war's mit der Konzentration! Sie bekam im weiteren Fährtenverlauf drei Rückrufe. Durchgefallen! Wir haben's verschmerzt. Wie sagt man oft: „Der Hund ist auch nur ein Mensch!"

Im kommenden Jahr wollten wir es erneut versuchen. Doch dann traf uns ein Schicksalsschlag. Durch einen Zeckenbiss erkrankte die Hündin an Borreliose und daraus erfolgte akutes Nierenversagen. In der Münchner Uni-Tierklinik eröffnete man mir die niederschmetternde Aussicht, dass sie höchstens noch ein halbes Jahr zu leben hätte. Es gäbe keine Rettung. Durch Zufall, weil ich noch nicht aufgeben wollte, erfuhr ich, es gäbe einen hervorragenden Tierarzt in Diessen am Ammersee, Dr. Meier. Dieser begnadete Mann wusste nach eingehender Untersuchung Hilfe. Er ließ ein homöopathisches Mittel herstellen, das ich der Hündin zweimal pro Woche injizieren konnte. Das war die Rettung.

Die Silva arbeitete noch weitere viereinhalb Jahre mit voller Leistung. Nur durfte sie wegen der erhöhten Harnsäure kein Fleisch fressen. Das war bei rein vegetarischer Ernährung kein Problem. Nur war sie durch den Proteinmangel geradezu versessen aufs Mäusegraben. Sogar einen kleinen Vogel schnappte sie sich aus einem Busch. Ihre Fleischgier war andererseits ein großer Ansporn bei Nachsuchen. Da wurde sie stets mit einem winzigen Stück Wildbret genossen gemacht. Dadurch leistete sie Unglaubliches. Doch nach einigen Jahren ging's rapide abwärts mit ihrer Gesundheit. Die Nieren konnten den Körper nicht mehr entgiften, die Hündin verfiel zusehends, sie konnte ihr Futter nicht mehr behalten. Einem Tier darf man die Gnade der Erlösung von Qual zukommen lassen. Doch der Entschluss dazu ist schwer und wird nur durch die Gewissheit erleichtert, dass man das Leid des geliebten Freundes beendet.

*

Ich war wie betäubt durch diesen Verlust und suchte Rettung, indem ich mich sofort um einen neuen Welpen bewarb. Es wurde mir ein Wurf im Hessischen angeboten. Die Eltern der Welpen waren bekannt erfolgreiche Schweißhunde aus guter Zucht. Vor Ort stellte sich heraus, dass der Wurf ungewöhnlich groß war. 12 Welpen. Und 9 Stück davon hatten eine Knickrute. Dieser Genfehler hätte mich warnen müssen. Doch ich wollte unbedingt schnellstens einen neuen Hund haben. Und so nahm ich die kleine „Luna" (Jana v. Jagdberg), mit einer Knickrute. Die Hündin entwickelte sich prächtig, Nase hervorragend, Wesensfestigkeit enorm. Doch ihr Leben sollte nur knapp 18 Monate dauern. Eine Erkrankung der Bauchspeicheldrüse beendete ihr kurzes Verweilen bei uns. Jede Woche ihrer letzten zwei Monate fuhren wir zweimal zum Tierarzt Dr. Meier nach Diessen; mit Hin- und Rückweg waren's jeweils 250 km. Dort bekam sie nach einer erfolglosen Operation Infusionen, die jedoch ihren Verfall nicht aufhalten konnten.

*

Die Zeit, ohne Hund auf die Jagd zu gehen, verging für mich ziemlich freudlos. Es fehlten die vier Pfoten neben mir. Doch beim erneuten Versuch waren mir die grünen Götter hold. Der Zuchtwart rief mich an, es wäre ein Wurf im Thüringer Wald gefallen. Der Vater der Welpen war mir bekannt, „Vasco v. d.

Vorderriss", der beim Cramer-Klett'schen Berufsjäger Wolfi Kampa in Aschau stand. Die Mutter „Cinta" stammte aus der Slowakei, also neues Blut in alten Bahnen. Diesmal fuhren wir erst einmal zum Züchter, um die Welpen anzuschauen und eine Hündin auszusuchen. Unsere erste Liebe fiel dann auch auf das besondere Lieblingskind der „Cinta". Es wurde unsere „Raika vom Rumpelsberg". Es war ein Glückstag. Der Dackel „Bimperl", der ebenso wie wir unter dem Verlust der Gefährtin gelitten hatte, adoptierte die kleine Prinzessin sofort.

Die Raika bekam in meinem Bergrevier eine Ausbildung, mit der sie in ihrem ersten Behang die Vorprüfung mit Höchstnoten bestehen konnte. Die praktischen Anforderungen im Allgäuer Hochwildrevier waren durch die naturgemäß sorgfältige Jagdart relativ gering. Das sollte sich ändern, als die Hündin im Ebersberger Forst eingesetzt wurde. Es werden hier vor Ort ab Ende Oktober ein Dutzend Drückjagden durchgeführt. Dazu werden wir zwei stets als Nachsuchengespann eingeteilt. Nach den Treiben und auch anderntags gibt's Kontrollsuchen und Schweißfährten aller Schwierigkeitsgrade auf Rot-, Schwarz- und Rehwild. Dazu kommen noch Anforderungen in weiteren Staats- und Privatrevieren. Die Raika ist unglaublich fährtentreu und Aufgeben gibt's bei ihr nie. Rotwild, Rehwild hatzen und stellen ist kein Problem – nur bei Sauen, da ist sie übervorsichtig.

Als wir einmal eine zwei Tage alte Wundfährte eines Keilers arbeiteten – andere Hunde hatten sie längst aufgegeben –, da wollte sie das Hauptschwein nicht zustande hatzen, als es immer noch schwerkrank vor uns her zog. Wir haben dann die Fährte so lange ausgearbeitet, bis die „arme Sau" nicht mehr konnte. Im letzten Wundbett konnte ich sie endlich erlösen. Ihre mangelnde Hatzfreude an Sauen hielt mich letztenendes auch davon ab, mit ihr zu züchten.

Als ihre Gefährtin, unsere kleine Dackelhündin mit nur 10 Jahren an Krebs zugrunde ging, waren nicht nur wir Menschen untröstlich. Die „Raika" wurde so apathisch, dass wir dachten, sie sei ebenfalls krank. Doch die Blutuntersuchung zeigte keine Ursache. Es war nur Trauer.

Ich habe dann schnellstens meiner Frau einen neuen Dackel, unsere „Fini" (Fina v. Römergraben), besorgt. Mensch und Hund erholten sich langsam von dem Verlust. Der Preis der glücklichen Zweisamkeit ist so hoch, dass er oftmals kaum zu verkraften ist. Manch einer bringt dann nicht mehr den Mut auf, sich einem neuen Anfang mit einem neuen vierläufigen Gefährten zu stellen.

Nun sind wir miteinander alt geworden. Ihr edler Kopf, einst kohlracklschwarz, ist total ergraut. Hören tut sie fast nichts mehr. In der Dackelhündin „Fini" hat sie eine besorgte Genossin. Wenn es zum Futternapf gehen soll und ich mit den Schüsseln klappere, hört die Raika es nicht mehr. Da geht die Fini, ansonsten die Weltmeisterin in Verfressenheit, zum Körberl, wo die Raika schläft, stupft sie an und weckt die Freundin. „Komm, steh auf, es gibt was!"

All ihre anderen Sinne sind jedoch hellwach. Mit Begeisterung macht sie immer noch kleinere Nachsuchen. Zu ihrer Freude darf sie auch dort suchen, wo das menschliche Auge die Todesbahn des Wildes verfolgen könnte. Wenn bei Spaziergängen Sauen über den Weg ziehen, saust sie voller Elan los. Am Rand des Dickichts, wo die Wutze verschwunden sind, macht sie Halt und kommt zurück, so als möchte sie sagen: „Ich wollt' nur mal nachschauen, ob auch alle gesund sind". Ihre einst lustvollen Hasenhetzen sind jetzt nur von kurzer Dauer. Wir sind nicht mehr so wild. Hund und Herr gleichen sich immer mehr an.

Im Spätherbst machen wir noch immer Nachsuchendienst im nahen Staatsforst. Nach den einzelnen Trieben der Drückjagden werden die Anschussprotokolle an uns Schweißhundeführer übergeben. Viele Kontrollsuchen ohne Ergebnis – das ist das Schicksal eines erfahrenen Schweißhundes, und damit muss er fertig werden.

Kürzlich kam sie dann wieder zu einem Erfolgserlebnis. Das baut jeden Hund auf und hat sie erneut jung werden lassen. Ein uns zugeteilter Anschuss versprach, laut Aussage des Schützen nur eine kurze Kontrolle. Er glaubte sicher, dass er den Überläufer, wie er sagte, nur ein wenig „gekämmt" hätte.

Am „Tatort" bloß drei, vier ziemlich lange Borsten, wirklich wie vom Kamm. Es machte mich nur misstrauisch, dass sie am oberen Ende nicht, wie sich's gehört, zerfasert waren. Also doch kein hoher Streifschuss? Kein Schweiß, auch nach 150 m noch kein einziges Tröpferl. Bei Sauen wäre das bei einem Treffer zwar nicht allzu ungewöhnlich. Die Fährte war bei 30 cm Schneehöhe gut zu kontrollieren. Ich wollte nun die Suche abbrechen, in der Annahme, das wär's dann nun wohl. Die Raika stoppte ich mit dem Riemen, hören tut sie mich ja kaum noch, und wollte sie abtragen. Doch unwillig entwand sich mir die Hündin und fiel die Fährte wieder an. Wenn man so lange wie wir zwei zusammen gearbeitet hat, da weiß man, was das bedeutet. Also ließ ich sie weiter suchen, so sauer mir das beim Kriechgang durch die schneebepackten Bürstendickungen auch fiel. Und tatsächlich, nach weiteren 50 m – erster Schweiß. Schweiß, der nicht aufhörte, bis nach 300 m der Riemen schlaff wurde und die Raika unter einem Verhau von deckenden Fichtenzweigen verschwunden war. Als ich den Vorhang hob – da lag unser Schweindl. Aufatmen!

Voller Lust beutelte es die Hündin an den „Hosen". Plötzlich – hol's der Teufel, die Sau wurde wieder hoch. Der Hund flog beiseite, doch nach wenigen Fluchten brach der Überläufer wieder zusammen. Sofort war die Raika wieder an ihm dran, sodass ich keinen Fangschuss anbringen konnte. In dem dichten Zeug war Aufstehen unmöglich. Ständig fielen Schneemengen von den Bäumen, ich konnte nicht sehen, was da genau vor sich ging. Jetzt musste die Hündin erst aus der Schusslinie. Im Stillen pries ich das Nachsuchengeschirr. Mit dem Schweißriemen konnte ich die tobende Hündin zurückziehen, ohne dass sie aus der Halsung schlupfen konnte, was sonst sicher passiert wäre. Den Riemen fixierte ich an einem kleinen Fichtenstämmchen, so konnte sie mir nicht in den Schuss springen. Endlich hatte ich die Hände frei, hangelte mir die Büchse vom Buckel und lud durch. Auf 3 m lag die Sau in Front zu mir her und klappte drohend mit dem Gewaff. Der im Liegen abgegebene Fangschuss auf die Stirn beendete das Drama. Die nun geschnallte Hündin ließ ihre Wut an ihr aus. Das musste ich ihr gönnen.

Der erste Schuss war gar nicht so schlecht gewesen – ein wenig hinten drauf, aber man kennt ja die Zähigkeit dieses tapferen Wildes. Die Sau mit knapp 50 kg aus dem Verhau herauszuziehen, war ganz toll, denn ich musste auch die Hündin ziehen, die sich an einen Hinterhammer gehängt hatte. Nach etlichen frustrierenden Kontroll- und Fehlsuchen dann dieses Erlebnis, da braucht der Hund auch Freude an seiner Beute und muss sich abreagieren.

Wir unterhalten uns nun per Geste und Augenkontakt. Das Übrige macht die unübertroffen gute Nase. Wie's weitergeht? Hoffentlich hat sie noch einige Jahre, in denen sie in Ruhe die Geborgenheit in ihrem Rudel genießen kann. An eine Nachfolgerin mag ich nicht denken.

Zuweilen wird gefragt, warum ich es so gut könne mit meinen Hunden. Dann gebe ich die scherzhafte Antwort: „Weil ich in meinem früheren Leben selber ein Hund war". Es kommen mir hierbei Zweifel, ob mein jetziger Zustand als Mensch eine Beförderung oder eine Rückstufung ist. Auf jeden Fall: Sollte ich wiedergeboren werden, möchte ich bei mir Hund sein.

Welcher Satz könnte wohl als Motto über meinem Leben stehen, jener berühmte Ausspruch von Schopenhauer: „Seit ich die Menschen kenne, liebe ich die Hunde."?

Besser passt das Zitat von Heinz Rühmann: „Man kann sehr wohl ohne Hund leben – aber es lohnt sich nicht!"

„Nur" Kahlwild

Es begann mit einer Nachsuche. Ein Jagdgast hatte einen Brunfthirsch angeschweißt, und ich wurde mit meiner BGS-Hündin Silva zum „Tatort" bestellt. In der Nähe der Breitengehrenalpe im Oberstdorfer Rappenalptal, im großen Revier, wo ich einen kleinen Anteil hatte, erwarteten mich der Schütze und der Berufsjäger Bernhard. Gleich zur Begrüßung wurde mir eröffnet, dass nun doch nicht ich mit meiner Hündin, die immerhin die Vorprüfung und bereits einige Erfahrung hatte, die Nachsuche machen sollte. Der Berufsjäger mit seinem halbjährigen Steirischen Rauhaarrüden Grolli war „par ordre de mufti" dazu bestimmt worden, den Hirsch zu suchen. Ersparen Sie mir die Erläuterung der höchst unerfreulichen Umstände, die zu dieser Entscheidung geführt haben. Es gab in der Folge mehrere ähnliche Fälle. Dreimal wurde ich zur Nachsuche bestellt, wenn ein Hirsch nicht zu finden war. Jedes Mal pfiff man Hund und Führer im letzten Moment zurück. Und jedes Mal wurde mit unzureichenden Hunden vergeblich gesucht und aufgegeben. Man wollte sich wohl von keinem „Fremden" – und das war jeder, der nicht in diesem Tal geboren war – in die schmutzigen Karten schauen lassen. Das hat mir zum Schluss die Jagd in diesem Traum-Revier so sehr verleidet, dass ich dort ausgestiegen bin. Sicher sehe ich das viel zu eng, sicher wollte man die dunklen Dinge unter Gleichgesinnten belassen und sie allein genießen. In solcher Gesellschaft fühle ich mich fremd wie unter Botokuden.

Der Hirsch war am frühen Morgen beschossen worden und ohne zu zeichnen im westseitigen, mit stubenhohen Latschen bestandenen Berghang untergetaucht. Pirschzeichen waren kaum

zu finden, sodass über den Sitz der Kugel große Unklarheit
herrschte.

Der Schütze und ich wurden hoch in den Berg, oberhalb des
etwa 300 m hohen Steilhangs hinaufgeschickt, wohin der Kranke
eventuell auswechseln könnte.

Wir fuhren mit meinem Suzuki-Pickup die Serpentinen-
Alpstraße bis zur Glei-Alpe hinauf, die zu diesem Zeitpunkt
gegen Ende der Brunft längst von den Hirten verlassen dalag.
Nachdem wir noch ein Stück aufgestiegen waren und eine große
freie Fläche unterhalb der Gipfelwände, den „Löffler", erreicht
hatten, schickte ich den Schützen noch etwa 300 m weiter. Dort
fand er Einblick in einen Teil des Hanges und hatte gutes
Schussfeld. Ich blieb am Rande des „Löffler" unter einer Felswand
sitzen. So musste der Hirsch, falls er nach oben hin gedrückt
würde, und wenn er noch so weit steigen könnte, einem von uns
beiden vor die Büchse kommen.

Die Zeit verrann, ohne dass sich etwas rührte. Es war dennoch
recht kurzweilig, hier zu sitzen. Genussvoll konnte ich auf die
gegenüberliegenden Gipfel von Trettach, Mädelegabel und
Linkerskopf blicken und dem im Blau schwimmenden Adler
zuschauen.

Plötzlich steinelte es über mir, und ein scharfer Gamspfiff ließ
mich herumfahren. Da stand auf knappe Kugelschussentfernung
ein – wie das Glas gleich zeigte – Fetzenbock. Seine weit
geschwungene, atemberaubend starke Krucke jagte meinen Puls
in die Höhe. Unwillig stampfte er mit seinem Vorderlauf in den
Schotter.

„Kreuzteufel nochmal!" So einen suchte ich schon lange! Und
jetzt nicht schießen dürfen! Das ungeschriebene Gesetz verbietet
ja, dass während einer Nachsuche auf ein anderes Wild geschossen
wird. Wie um meine Disziplin zu testen, stand der Bock wie
gemauert, pfiff ein ums andere Mal und ließ mir sogar Zeit, das
Spektiv herauszuholen. Ja, das rechte Alter schien er obendrein
zu haben. Die Schläuche wurden an der Basis sichtbar geringer,
ein Zeichen, dass er schon weit über den Zenit seiner Jahre hinaus

war. Dazu: Senkrücken, durchhängende Wamme und das „Hinterg'stell" recht knochig. Und ein langes „boaniges" Haupt. Das sagte mir genug, der war wirklich alt. Er hatte keinen Wind von uns, und auch meine langsamen Bewegungen verschafften ihm nicht Klarheit, was da für eine sonderbare Gruppe unter der Felswand hockte. Nach einiger Zeit verzog er sich mit bockelnden Sprüngen bergwärts in Richtung Gruabach. Dieser Boden mit weiten, stubenhohen Latschenfeldern und vielen äsungsreichen Freiflächen ist ein beliebter Einstand für Gams und Rotwild. Der Mitjäger Heini, der den Titel Weidmann wahrlich verdient, hat den Gruabach einmal als „Mehlsack" bezeichnet. Als Mehlsack, in dem es von Mäusen – in diesem Fall von Wild – wimmelt.

Nach zwei Stunden wurden wir abberufen. Die Nachsuche war erfolglos geblieben – der Hirsch wurde für gesund erklärt. Ich musste mich zähneknirschend jeden Kommentars enthalten, es hätte nichts gebracht und die Atmosphäre nur noch mehr vergiftet.

Nun, nach der Hirschbrunft wollte ich mich dem alten Gamsbock widmen. Aber der Kahlwildabschuss drängte, nachdem vor der Brunft so gut wie nichts geschossen wurde. Die Gäste waren abgereist, denen wollte man die verantwortungsvolle Aufgabe ohnehin nicht übertragen. Ich hatte mir als Betätigungsfeld eben diesen vermuteten Einstand des Gamsbocks ausersehen; vielleicht war er als willkommener „Beifang" zu erbeuten.

Wegen meiner Kahlwildpläne musste ich schon vor dem Büchsenlicht an meinem Platz sein und so fuhr ich Morgen für Morgen, Nachmittag für Nachmittag zur Glei-Alpe hinauf. Das war eine „haarige" Fahrerei dort hinauf. Die gemein steile Serpentinenstraße hatte solch enge Kehren, dass der Pick-Up mit seinem überaus weiten Wendekreis nur mit geschicktem Zurücksetzen um die Kurven zu bringen war. Dabei war auch noch der Weg durch den Schotter recht rutschig; so wurde jede Fahrt zu einer kitzligen Angelegenheit.

Einen feinen Sitz hatte ich mir unter einem vielhundertjährigen Bergahorn ausgesucht. Ein Ort, wo die Zeit stillsteht. Von dort aus hatte ich weiten Überblick. Dort verhockte ich die Stunden, bis die Gipfel der gegenseitigen Berge im Abendlicht erglühten und die Nacht ihr schwarzes Tuch über diese schöne Welt warf.

Sie müssen wissen, ich bin ein etwas seltsamer Jäger. Einen Ansitzplatz, der landschaftlich schön und romantisch ist, jedoch nicht unbedingt die leichte Beute verspricht, der ist mir lieber als einer, der ohne Ausblick, nüchtern, langweilig, dafür aber den schnelleren Erfolg bringt. Dieser Anspruch forderte hier große Geduld. Das Wild findet dort zwischen den Latschengassen, in die ich nicht hineinschauen konnte, reichlich Äsung. Vorerst aber sah ich nur Gams, nur Scharwild und junge Böcke. Sie zeigten sich nach der Hirschbrunft silbergrau und mit fortschreitender Jahreszeit wurden sie zu schwarzen Zotteln. Mich hatte dieser Platz in seinen Bann geschlagen. Er war auch zu verlockend, mit seinem beglückenden Umblick auf die Berge unseres Tals gen Südosten, der Allgäuer Hauptkamm mit Hohem Licht, Rappen- und Biberkopf. In deren Höhen war schon der Winter eingekehrt. Wenn im ersten kaltblauen Dämmern der Morgen über der gezackten Linie der Gipfel aufstieg, wenn Laub, Blatt für Blatt schaukelnd, zu Boden schwebte, dann erfüllte mich das Glück, ein Jäger zu sein.

So saß ich wieder einmal – es war zu Beginn des Nebelmondes – oben unter meinem – nun entblätterten Ahorn. Der Jäger Bernhard hatte mich gebeten, besonderes Augenmerk auf ein Kalb zu richten, das den Vorderlauf stark schonte. Er hatte es von der Talstraße aus entdeckt, jedoch trotz mehrerer Ansitze nicht bekommen. Eingehüllt in meinen warmen Lodenkotzen, unter dem sich auch meine Silva eingeringelt hatte, erwarteten Herr und Hund den heraufdämmernden Morgen. Mein nächtlicher Freund, der Sperlingskauz, erfreute mich mit seiner aufsteigenden Tonleiter. Sonst herrschte göttliche Stille, nur tief unten im Tal hörte ich, leis verweht, den Rappenalpbach rauschen. Die ersten Umrisse der Latschenfelder gewannen Gestalt. Da schoben sich auf gerade einmal achtzig Meter zwei Wildgestalten aus dem Krummholz. Deutlich sichtbar – Stuck und Kalb. Und die

Bewegungen des Kalbes waren abgehackt, als würde es stolpern. Das war das kranke Stück! Da gab's kein Zögern mehr!

Am Stamm meines Ahorns angestrichen, stand das Fadenkreuz ruhig hinterm Blatt des Kalbes. Vom roten Mündungsblitz überblendet, sah ich es zusammenrutschen und ausgelöscht eine kurze Strecke herabwalgen, bis es an einem Latschenboschen hängenblieb. Blitzschnell hatte ich eine neue Patrone in der Kipplaufbüchse. Doch das Stück war im grünen Meer untergetaucht.

Jetzt hieß es warten. Die Erfahrung hat gezeigt, dass das Alttier oftmals, wenn der Mensch nicht in Erscheinung tritt, nach einiger Zeit nach seinem Kalb schauen kommt.

Der Tag war noch jung. Wenn ich geduldig sitzen bleibe, dann könnte es noch passen. Inzwischen war es volles Licht geworden, und es versprach ein schöner Spätherbsttag zu werden.

Nach einer knappen Halbstunde sah ich aus dem Rand des Latschenfeldes den klugen Grind des Alttiers herausäugen. Lange sicherte es unverwandt. Dann schob es sich vorsichtig, mit ausgestrecktem Träger auf das verendet daliegende Kalb zu.

Die Büchse hatte ich längst eingestochen ins Ziel gebracht. Als das Stuck sein Blatt zeigte, ließ es der Schuss zusammenbrechen und die kleine Talfahrt endete genau da, wo schon das Kalb lag. Ich konnte zufrieden sein. Besser hätt's nicht gehen können.

Als Herr und Hund hinübergingen, fanden wir die beiden vereint am gleichen Platz. Nach der Verletzung beim Kalb schauend, entdeckte ich ein – sicher durch Steinschlag zerschmettertes – faustdick aufgeschwollenes Gelenk am Vorderlauf. Der wäre trotz vollständigem Ausheilen steif geblieben. Auch bei einem normalen Bergwinter bedeutet das sicheres Verenden. Zum Aufbrechen konnte ich mir nun Zeit lassen. Und schon waren meine Gratulanten, die Kolkraben, mit „krog, krog" über uns. Allein konnte ich die zwei Stücke bei dem schwierigen Gelände nicht herausbringen. Zum Liefern musste ich einen Helfer holen. Um die Wotansvögel abzuwehren, klemmte ich je eine der abgeschossenen Patronenhülsen in die Schalen der nach oben gestreckten Läufe. Das würde die Schwarzen eine Zeit lang abhalten. Überdies hatten sie ja mit dem Aufbruch reichlich gedeckten Tisch.

Als wir wieder vor der Glei-Alpe standen, parkte davor noch ein Wagen. An der hinteren Stoßstange klebte ein Schild: „Goot it – git's it!" (Geht nicht – gibt's nicht) Das gefiel mir.

Ein Hirt war dabei, die Hütte winterfest zu machen. Der kam mir wie gerufen. Er war einer jener urigen Typen, die für ihre Haar- und Bartpracht weder Kamm noch Schere kennen. Weizenblond, mit himmelblauen Augen – das findet man oft im Allgäu – rahmte das Haar wie bei einem Apostel seinen interessanten Kopf. Lichtenberg hat einmal gesagt: „Das menschliche Gesicht ist der wohl interessanteste Teil der Erdoberfläche." Richtig, auch von dieser hatte er schwarzbraune Reste im Gesicht. Eine kühne Nase, wie der Schnabel eines Greifs, stach aus der blonden Fülle des Bartes. Hochgewachsen, ein „Trumm Mannsbild", wie man bei uns sagt, schien er kein Gramm zuviel auf den Knochen zu haben. Alles nur Sehnen und Muskeln. Ich bedauerte, kein Maler zu sein. Einer seiner Schneidezähne war locker. Dauernd bewegte er mit der Zunge den wackelnden Kameraden. Mit meiner spaßhaften Frage, ob ich mit der Kombizange helfen könne, hätte ich ihn – der den Eindruck machte, er fürchte sich vor rein gar nichts – beinahe verscheucht.

„Hosch du ebbas gschosse?" fragte er mich.

„Ja, a Kalb und a Muttl, tätst mir helfen, die zwei zu holen?"

„Wenn i dr hilf, nocha gisch br de Sadezenar! Gell?!" (Wenn ich dir helfe, dann gibst mir die Innereien)

Wie schön das klang! Er gebrauchte noch den alten, fast vergessenen Ausdruck „Sadezener".

Mit seiner Hilfe war es kein Problem, das Wild zu liefern. Das Stuck wuchtete er sich über die Schultern und schritt mit ihm davon wie ein Christopherus mit Überlast. Das Kalb schlaufte ich an meinen Bergstrick und zog es mühsam hinterdrein. Ich merkte schon, das Alter begann langsam seine Rechnung zu präsentieren. Am Pick-up angekommen, packte er das Alttier auf die Ladefläche, als wär's ein Strohsack. Er schnaufte nicht einmal. Amüsiert blitzte er mich mit seinen blauen Augen an, als ich mir schwer hechelnd den Schweiß von der Stirne wischte.

Wie zur Belohnung fanden sich in der Hütte noch einige Flaschen Bier. Die sollten nicht dem Frost zum Opfer fallen. Die kamen uns gerade recht. Zur besseren Bekömmlichkeit hatte ich in meinem unerschöpflichen Rucksack den kleinen silbernen Flachmann mit Enzian.

Doch bevor ich mit meiner Beute zu Tal gefahren bin, wollen Sie sicher wissen, ob ich den Gamsbock wiedergesehen habe. Leider nein. Trotz unzähliger Pirschen.

Oder, halt, doch – im darauffolgenden Frühjahr hing seine unverkennbare Krucke auf der Oberstdorfer G'weihschau an der „Wand der Besten". Über den mehr als daumenstarken Schläuchen hing ein kleines goldfarbenes Blechtaferl.

Das Phantom

Gerettet. Draußen vor der Jagdhütte faucht und tobt wütend der Wintersturm. Mal jagt er Wolken von nassem Schnee vor sich her, mal peitschende Regenschauer. Die Tür habe ich ihm vor der Nase zugeschlagen. Urplötzlich kam die wilde Jagd über den Grat dahergebraust, hetzte Jäger und Hund vom Berg. Weiter drunten im Hochwald brachen berstend Bäume und Wipfel. Mir war nicht recht wohl bei dieser Flucht.

Knackend und prasselnd flammt das schnell entfachte Feuer im Hüttenherd. Der regennasse Lodenkotzen hängt auf der Stange über der glühenden Herdplatte. Zischend fallen die Tropfen. Der Schweißhund ist wie aus dem Wasser gezogen. Wohlig brummelnd lässt sich die Hündin das Trockenreiben gefallen. Nun liegt sie entspannt in ihrem Korb. Die Büchse, auch sie nun trocken, hängt blinkend am Haken. Draußen vergeht der Tag in rasch sinkender Dunkelheit. Zu grell das bleiche Licht der fauchenden Gaslampe. Im Schein von ein paar Kerzen wird ein Glas Roter ein wenig über die verpatzte Pirsch hinweg trösten. Wenn eine erneute Böe die kleine Hütte erzittern lässt, malen die Flammen tanzende Schatten auf die Wände. Auf einer kleinen Konsole an der Wand liegt ein kapitales Rehgehörn. Würdig, der Sammlung eines Gagern anzugehören. Die verzweigten Stangen und Enden werfen bizarre Reflexe im flackernden Halbdunkel. Die Trophäe hat eine lange Reise und eine kleine Geschichte hinter sich.

Vor etlichen Jahren forderte mich mein Bruder auf, doch einmal meine Gamsberge zu verlassen und mit ihm nach Slowenien zum Rehbockjagern zu fahren. Viel Überredungskunst brauchte es dazu nicht, bewunderte ich doch jeden Sommer seine Ausbeute. Die Erzählungen von verträumten Landschaften und freundlichen

Gastgebern hatten mich neugierig gemacht. Seit Jahren schon fuhr er mit Freunden dorthin und fühlte sich bereits wie dazugehörig.

Es war Mai und die Steiermark sah uns zu dritt gen Süden brausen. In Graz der traditionelle Halt bei lieben Freunden. Gegen Nachmittag waren wir am Ziel: südlich der Drau im waldigen Hügelland der ehemaligen Untersteiermark. Eine komfortable Jagdhütte – schon eher ein Jagdhaus – nahm uns gastlich auf. Die Jägerei der einheimischen „Jagdfamilie" saß bereits erwartungsvoll versammelt bei Wein und Bier in einem Gartenpavillon vor der Hütte. Bald waren wir zur Abendpirsch gerüstet unterwegs.

Mein Pirschführer – der dicke Stjepan – preschte mit seinem alten Lada wie von Furien gehetzt los. Sicher, so dachte ich, will er mir, bevor's finster wird, ein wenig das Revier zeigen. Sanfte Bergrücken mit kleinbäuerlichen, dazwischengestreuten Weinbergen reihen sich hintereinander. Drunten in den Talgründen feuchte Wildnis mit Schilf und Weiden, begrenzt von dichten verfilzten Waldstücken. Bescheidene Gehöfte im Schatten von ehrwürdigen Walnuss- und Maronibäumen. Davor die eifrig kratzende Hühnerschar, bewacht vom stolzen Gockel. Hin und wieder ein paar frei umherlaufende Schweinderl. Unsere rumpelnde Fahrt begleitete überlautstark Radio Ljubljana. Stakkatohaft hämmernde Kommentare, von denen ich kein Wort verstand. Unterhaltung? Zwecklos. Vielleicht sprach Stjepan auch kein Wort Deutsch. Wäre auch nicht notwendig gewesen. Unter Jägern genügen Gesten. Doch dieser Stimmungstöter Radio! Dem unverbesserlichen Romantiker tötet das die Laune. Wenn irgendwo in dem brünstig wuchernden Grün ein roter Fleck auftauchte, haute der Gute die Bremse rein, dass es knirschte. Glas hoch! Kopf schütteln! Weiter! Dann, nach mehrmaligem Halt: ein Bock.

„Bittä schießen!"

Aha, soviel kann er also doch sagen! Aber so aus dem Auto, das schmeckte mir nicht. Mein Aussteigen hielt der gut Vereckte nicht aus. War mir ganz recht. So wollte ich nicht jagen. Gagern hat einmal geschrieben: *„Beim Birschenfahren geht wohl das Feinste, das Beste dabei verloren, es sieht nach Eile aus, der Betrieb fängt an."*

Ich verstehe einerseits wohl, dass der Gast unbedingt zu Schuss kommen soll und dass der Pirschführer alles dransetzt, dass er Strecke machen kann. Doch andererseits sollte dem Gast vorbehalten bleiben, wie er es möchte. Auf sein Risiko. Seinen Kollegen habe ich dann nach unserer Ausfahrt meinen Wunsch klar gemacht, dass ich nicht „schießen" will, sondern „jagen".

Am anderen Morgen erwartete mich ein anderer Führer – Mirko. Nach einigen Kilometern verließen wir sein Gefährt. Diese Pirsch wird mir unvergessen bleiben. An den sich in den Tälern dahinschlängelnden Waldrändern Schritt für Schritt die Hänge abspekulierend, kamen wir in wahrhaft verwunschene Ecken. Hier roch's förmlich nach guten Böcken. Gagern und seine Uskoken kamen mir in den Sinn.

Es war oft nicht einfach, an vertraut äsenden Geißen und jüngeren Böcken vorbei zu kommen. An einem Gegenhang dann ein starker Wildkörper. Das Haupt noch von einem Weidenbusch verdeckt. Warten. In die Knie gehen. Dann tat der da droben einen weiteren Schritt und zeigte sein prahlendes Gezack. Ja, das war's, was ich mir erträumt hatte. Im Sitzen strich ich am Bergstecken an, und im Knall meiner Kipplaufbüchse versank der Starke.

Aufatmen. Mirko und ich fielen uns in die Arme. Schnell ist's gegangen, gut ist's gegangen! Während mein Begleiter noch seinen Rucksack schulterte, sah ich den Bock mit seinem Traumgeweih plötzlich über den Grat des Hügels davon springen, und wie zum Spott ertönte von der drüberen Seite ein höhnischer dumpfer Schrecklaut.

Ja Kruzitürken! Das konnte nur ein Krellschuss gewesen sein. Und ich war doch so gut und ruhig abgekommen.

Mirko besänftigte mich. Er hatte nichts dergleichen gesehen. Er war der festen Meinung, was ich da gesehen hätte, könne nur eine Geiß gewesen sein. Doch so gewaltig konnte ich mich nicht täuschen. Als der Bock über den Kamm flüchtete, war ganz deutlich gegen den Horizont ein unglaublich starkes Gehörn zu erkennen gewesen. Wie eine Vision.

Herrschaftszeiten, verdammte Sauzucht! Und so einen musste ich auch noch krellen.

Also auf zum Anschusss!

Um auf den Gegenhang zu kommen, hatten wir die kleine Umgehung eines Bächleins zu machen, dann zurück und in gerader Linie hinauf zum Anschuss.

Als wir um den Weidenbusch traten, traf uns freudiges Erschrecken. Da lag ja unser Bock! Mit sauberem Schuss hinterm Blatt. Jetzt fiel mir mein Mirko nochmals um den Hals, und abermals umfächelte dumpfsüßer Knoblauchdunst meine Nase. Nun ja, der Älteste war der Bock nicht, doch reif auf jeden Fall!

„Siehst du, hast du verguckt!", so Mirkos Kommentar.

Was war denn das für ein Wundertier gewesen, das mich da narrte? Ungläubig schüttelte Mirko den Kopf. Er war der festen Überzeugung, dass ich mich verschaut hatte. Zwei solch starke Böcke an einem Platz – unglaubhaft. Fast wären auch mir deshalb Zweifel gekommen. Er kannte so einen nicht. Niemand kannte ihn. Doch ich kannte ihn jetzt, es war keine Illusion. Den wollte ich unbedingt genauer anschauen.

Am Jagdhaus waren mein Bruder und Freund Peter, jeder mit einem guten Bock, bereits beim Morgentrunk. Großes Hallo! Der Jagdleiter hatte seinen halben Hühnerstall geschlachtet, und die goldbraun gebratenen Gockerln dufteten himmlisch verlockend. Dazu gab's selbstgekelterten Wein, der gut für die Verdauung ist. So, ohne massive Speise möchte ich ihn nicht trinken. Hätte ich Löcher in den Strümpfen gehabt, die würde er zuziehen. Aber mit dieser Menge an Braten war's der beste Digestif. Den Slivo gab's dann aber auch noch.

In den nächsten Tagen war ich nur dem Geheimnisvollen auf der Fährte. Vom ersten Büchsenlicht bis zum nächtlichen Gesang der Nachtigallen hockten wir uns krumm. Hinter dem Berg – vor dem Berg – um den Berg. Mein Begleiter hatte sich stirnrunzelnd, achselzuckend in sein Schicksal ergeben Für ihn war ohnedies alles vergebens, denn für ihn existierte kein solcher Bock. G'spinnerter Jagdgast! Was der sich da wohl zusammenfantasiert hat. Das Phantom zeigte sich nicht. Nur mächtige tagfrische Fege- und Plätzstellen bewiesen, dass es kein Traum gewesen war. Nach ein paar Tagen war ich daran, die Suche aufzugeben. Wenn's nicht mag, dann eben nicht. Unweit des Tatortes hatte ich einen schönen Platz ausgeguckt, wo ich den letzten Abend abschließend verhocken wollte.

Die Amseln hatten sich mit Gezeter und Getick ins Geäst zurückgezogen, die Käuze fingen an zu rufen, da bewegte sich hoch oben auf der Gegenseite in einem kleinen Weingarten ein Schemen. Glas hoch. Der Bock! Mein Bock! Das Phantom! Verzweifelt versuchte ich ihn ins Zielglas zu bekommen. Es war schon zu finster. Es war zudem teuflisch weit. Doch ich wollte ihn haben. Mein Glück erzwingen. Ein wenig tiefer zog er nun herab, kaum noch zu erkennen in der Dämmerung. Nur ein Schatten. Aber das Gwichtl! Was sage ich? Das Geweih! Das war in sekundenkurzen Momenten prahlend klar zu erkennen. Es trieb mir den Puls in die Höhe, die flackernde Gier in die Augen. Das Fadenkreuz war nur noch zu erahnen, und als er kurz verhoffte, schoss ich. Im Blitz des Mündungsfeuers war ich blind. Und hernach ernüchtert, reumütig zerknirscht. Wie konnte ich nur! Predigen, g'scheit daherreden, ja das konnte ich doch bisher so gut. Und nun der Sündenfall.

Mein Pirschführer hatte wieder nichts Genaues gesehen. Für sein Glas reichte das Licht nimmer. Dafür runzelte er abermals die Stirn. Er betrachtete mich mit schräg gelegtem Kopf, so, wie eine Henne einen Wurm anschaut.

„Was hast du da wieder geguckt?"

Um's kurz zu machen: Auch als wir uns dem Anschuss näherten, war kein dunkler Wildkörper in seinem Umfeld zu erkennen. Nirgendwo ein im Verenden gespreizter heller Spiegel. Enttäuschung zog mir die Kehle zu. Die Nachsuche anderntags mit

„Nur" Kahlwild

Weit geht der Blick zum Rappen –
und Biberkopf

Gruabach – der „Mehlsack"

Ausblick vom alten Bergahorn

meiner erfahrenen BGS-Hündin Silva ergab einwandfrei, dass ich daneben geknallt hatte. Sogar die Kugel fand ich in einem Pfahl des Weinbergs. Oder besser, den Einschlag, wo sie hindurch gefahren war. Wenigstens kein Krankschuss, kein Leid durch mein ungezügeltes Handeln. Man steckt so etwas beschämt beiseite, in der Hoffnung, daraus gelernt zu haben und ein nächstes Mal besser zu handeln. Doch der Bock spukte hinfort durch meine bockjagerischen Träume und Sehnsüchte. Das Gehörn – es war mir nie vergönnt gewesen, es genauer anzuschauen, wuchs zu immer fantastischeren Gebilden heran.

In der Blattzeit wollte ich wiederkommen – wenn er da noch lebte. Die Jägerei versprach, sich zurückzuhalten. Aus ihren Mienen entnahm ich ein wenig spöttische Zweifel an meinen Beobachtungen. Sie kannten ja alle ihr Revier viel besser als ich. Gute und starke Böcke gab's hier viele. Doch von solch einem Besonderen, gerade in dieser Gegend, konnte keiner was berichten. Da konnte man leicht Zurückhaltung versprechen. Doch aus meiner sommerlichen Reise wurde nichts. Was mich damals daran hinderte, ich weiß es heute nicht mehr.

Im nächsten Mai, da war ich wieder in dem verwunschenen Tal mit seinem Traumbock.

In der Zwischenzeit hatte Mirko sich dort umgeschaut.

„Brauchst du nicht gucken, da sind nur junge Becke, junges Gemiese!"

Enttäuscht wandte ich mich anderen Jagdgründen zu. Jedoch zum Jammern gab's keinen Grund. In jener Woche waren mir die grünen Geister wohlgesonnen. Bei einem Morgengang – wieder mit Freund Mirko – pirschten wir in halber Höhe des Berges auf einem Weinbergweg. Unter uns freier Blick ins Wiesental mit seinen Hainen, ober uns Weingärten, Buschstreifen, kleine Wiesen. Um eine Ecke biegend, erspähten wir in der Höhe am Rande der Reben einen Bock. Starker Träger, breites Haupt und darauf eine pechschwarze massige Krone. Wir hatten uns gleichzeitig erkannt. Spitz stand er zu uns her. Recht für einen Schuss, den ich gar nicht mag. Also taten wir, als wären wir

Bauern und gingen laut redend weiter. Nach der nächsten Wegbiegung Halt und ich pirschte leis zurück. Jetzt äste er schon wieder, stand breit. An einem Pfahl angestrichen, niedergekniet Als der Herzschlag zur Ruhe gekommen war, brach der Schuss. Den Bock hob es aus wie einen Gamsbock und verendet kugelte er den Hang herab bis auf unseren Weg. Der war wahrlich alt und sicher ein Bursche, der nur die harmlosen Weinbauern kannte.

Nach diesem und einem weiteren Erfolg wollte ich doch noch einmal vor meiner Abreise nach dem Phantom schauen.

Wieder saß ich an dem Platz meines Fehlschusses. Ein stiller, zauberhafter Abend machte mir den Abschied schwer. Als es dämmerte, schlugen in den umliegenden Hügeln und Hainen unzählige Nachtigallen. Mittlerweile war die Nacht herabgesunken, ich packte zusammen. Keineswegs enttäuscht, dass ich ohne Anblick geblieben war. Da traf mich wie ein Schlag ein tiefer Schrecklaut. Oben vom Hang. Nur ein einziger basstiefer Laut. Das war er! Das musste er sein! Laut redend, als wären wir Weinbauern, gingen wir zum Auto zurück.

Meinem Bruder, der noch ein paar Tage bleiben konnte, brauchte ich diese Begegnung nicht allzu lang auszumalen und schmackhaft zu machen. Er kannte mich. Er wusste auch von der letztjährigen Begegnung. Ich hoffte inständig, dass ihm die Geister dieses Tals freundlicher gesonnen wären.

Noch keine Woche war ich wieder daheim, da rief er mich an. Am Tag nach meiner Abreise präsentierte sich im vollen Morgensonnenlicht der Kapitale. Mirko war dabei. Als sie vor dem Erlegten standen, kratzte sich der Jäger den Kopf: „O Bruder!" Wen meinte er wohl damit? Die einheimischen Jäger freuten sich mit ihm und zeigten sich nicht allzu erstaunt. Plötzlich wollten viele den Bock gekannt haben.

Wieder daheim, lud mich mein Bruder zu einer kleinen Wiedersehensfeier ein. Wiedersehen mit ihm und dem Phantom. Andächtig hielt ich die Trophäe in Händen. Ein wahrer Traumbock. Ich freute mich für ihn, als hätte ich den Starken erlegt. Doch das ist, wie gesagt, schon einige Zeit her. Prächtig nahm sich die

Trophäe an seiner Wand aus. Magischer Blickpunkt inmitten einer beachtlichen Reihe von erlesenen slowenischen Rehböcken.

Letzten Herbst ist mein Bruder gestorben. In seinem Vermächtnis fand man die Verfügung, dass ich das Gwichtl bekommen solle.

Jetzt liegt es vor mir auf der kleinen Wandkonsole in meiner Hütte. Draußen heult und tost der Wintersturm. Doch hier bei seinem Anblick ist alles wieder gegenwärtig: die kleinen Weingärten, die verwunschenen Wiesengründe, die Haine mit Kuckucksruf und Nachtigallensang, der saure Wein und brutzelbraune Gockerln, die nächtlich schemenhaft schleichenden Wildgestalten, die einheimischen Jäger und besonders der glückliche Erleger.

Das Phantom

Die Heimat des Phantoms   Das Phantom – ein ungerader 12er

Die kriegst du nie!

Die glückliche Stunde am Taufersberg

Die kriegst du nie!

Wenn man von unserem Jagdhaus in der Birgsau die neun Kilometer zum Talende fährt, kommt man auf halber Strecke an der Breitengehrenalpe vorbei. Bis zu diesem Punkt ist das vom Rappenalpbach durchtoste Tal ziemlich eng. Die schmale Alpstraße quetscht sich oberhalb dem Wildwasser an die steilen Wände. Hier weitet es sich zu Füßen der Sennalpe in eine kleine Ebene. Da steht sommers das Vieh. Bergwanderer nehmen gerne beim Senn Peter eine kleine Jause ein, bevor sie wieder talaus zurück marschieren. Nach dem kurzen Alpsommer kehrt hier wieder Stille ein. Dann zieht der Peter mit seinem Braunvieh mit Glockengebumper wieder heim in den kleinen Weiler zwischen Sonthofen und Oberstdorf, wo die Menschen, bevor der Tourismus Geld und Wandel in die Region brachte, karg und bescheiden waren. Noch in den Fünfzigerjahren verdingte – besser gesagt, verkaufte – aus jenem Dorf ein kleiner Sachlbauer eine seiner Töchter für 20 Mark an einen der größeren Bauern. Er gab ihm den Rat, der „Fehl", wie die Mädchen im Allgäu heißen, ja nicht zuviel zum Essen zu geben, da sie sonst faul würde und nicht mehr so gut schaffen könne. Schaut man heutzutag' in die niedrigen, holzfeuergeschwärzten Stuben der Alp hinein, haucht einen die harte Vergangenheit der Bergbauern an.

Als ich eines Tages, es war vor der Hirschbrunft und das Vieh weilte noch heroben, dort vorbeifuhr, musste ich eine Zeit lang stehen bleiben. Einige Kühe hatten es sich auf der Straße bequem gemacht und dachten im gemächlichen Wiederkäuen nicht daran, dem Geländewagen des Jägers Platz zu machen. Ich hatte ebenfalls keine Eile und schaute, den Zwischenstopp ausnützend, in die freien Hänge über der Straße.

Da schau her! Ein Gams. Gar nicht weit weg, nur etwa 80 m oberhalb auf der rechten Bergseite. Auf der letzten steilen Bergrippe, bevor der Wiesenkessel sich weitet. Das Glas zeigte eine Gais, stark im Wildbret, aber was war das? Hatte die nur einen Schlauch und der schien auch noch ungeheuer dick zu sein? Als sie sich wendete, sah ich es genauer. Es waren zwei elende „Schläuchle", doch die standen so eng beieinander, dass es von schräg vorn wirklich wie einer ausschaute. Einzeln waren sie bleistiftdünn, schlecht gehakelt und obendrein grad' einmal luserhoch.

Da ich von meiner rechten Fahrerseite schlecht hinschauen konnte, stieg ich aus, um sie mit dem Spektiv genauer in die Linsen zu nehmen. Doch kaum hatte ich das Fahrzeug verlassen, warf sie sichernd auf und war mit bockelnden Sprüngen gleich im nahen Rossfäller Wald untergetaucht. Das war ungewöhnlich. Sind doch die Gams hier an der Talstraße an Menschen gewöhnt und bis auf besondere Exemplare ohnehin ziemlich arglos.

Nachdem ich den braunen Milchhirschen freundlich, aber bestimmt klar gemacht hatte, dass ich hier nicht ebenfalls wiederkäuen wollte, setzte ich meine Fahrt ins hintere Tal fort.

Nach ein paar Tagen erzählte ich dem Bernhard, unserem Berufsjäger, von dem Zusammentreffen.

„Woll", sagte er lachend, „die kennt ba scho' lang. Des alt' Luader hop ba scho dreimol vorbeig'schosse. Die isch it interessant. A lotschige Krucke hot se au no. Lüeg liaber noch dera Olte beim Känzele. Do rentierte se. Die hot ebba hündert Punkt oder mehra!"(„Wohl", sagte er lachend, die kennt man schon lange. Das alte Luder hat man schon dreimal vorbeige-schossen. Die ist uninteressant. Eine schwache Krucke hat sie auch noch. Schau lieber nach der Alten beim Känzele. Da rentiert es sich. Die hat etwa 100 Punkte oder mehr.")

Er sagte „Luder". Er, der sein Wild liebte wie kaum jemand anderer. Er durfte das, er meinte es ja nicht bös'.

Mit den 100 Punkten konnte er mich nicht locken. So sehr ich eine starke Trophäe schätze und mich an ihr erfreue – die Punkte

Steirisches Trio

Die alte Gais

Heimwärts mit Beute

Das steirische Trio

Im Hansàg

Bernd mit gut getarnten Jagdfreunden

einer Bewertungskommission waren nie das eigentliche Ziel meines Jagens.

Und dann machte er mich heiß: „Dia kriegscht du nia! Dia kascht grad vergeasse! Do hent scho an Hüfe higschmeckt." („Die kriegst du nie! Die kannst du vergessen! Da haben's schon Viele probiert!")

Jetzt glaubte ich auch zu wissen, warum sie vergrämt und misstrauisch war. Alle hatten von der Straße weg, auf dem Autodach aufgelegt, ergebnislos das Feuer auf sie eröffnet. Und darum hat sie es auch nicht ausgehalten, dass ich ausgestiegen war. Wenn es darum ging, sie stattdessen zu Fuß anzupirschen –, wo sollte da das Problem sein? Dachte ich.

Um die Örtlichkeit zu beschreiben, muss ich ein wenig genauer werden. Der Engschluss der Straße weitet sich nach etwa 50 m unterhalb des Steilhangs, den sie als Äsungs- und Ausguckplatz bevorzugt. Von der Gegenseite hat man kein freies Schussfeld, da hier, unterhalb von Peters Älpele, dichter Wald bis herunter zum Rappenalpbach die Sicht verwehrt. Also – von dieser Seite her geht's nicht. Vom Wiesengrund aus hat man keine Deckung, demnach geht's von da aus auch nicht. Von der Straße aus ebenfalls nicht, denn da eräugt sie einen längst, bevor man sie erblickt. Da gibt's nur eines: Man muss sich im Bachbett hinter einem der größeren Steinbrocken ansetzen. Das hat noch den weiteren Vorteil, dass der Wind – im Allgäu heißt's „der Luft" – im Bachbett stets bergab zieht, die Gais mich also nie in den Windfang bekommen könnte. Doch um dorthin zu gelangen, müsste man sie zuerst wegtreten und dann warten, bis sie zurückkommt. So war mein Plan. Doch bald verwarf ich ihn. So sicher erschien es mir nun doch nicht, dass die Gais dann auch zurückkehren würde. Ich wollte es anders anpacken. Weiter vorn, etwa 600 m bachabwärts, gab es einen kleinen Steg. Den überquerend, müsste ich nun ein Stück aufsteigen und übers Peters Älpele wieder hinab und durch den Wald ungesehen zu meinem Stein. Das war zwar beschwerlich, aber doch weit Erfolg versprechender. Da während der Hirschbrunft anderes im

Vordergrund stand, wollte ich den Plan bis Mitte Oktober verschieben.

Zu meinem Unglück regnete es von Anfang bis Mitte des Monats ohne Unterbrechung. Der Bach schwoll zu einem tobenden Wildwasser an, trat aus seinem felsigen Bett, sodass an einen Ansitz hinter einem seiner Uferfelsbrocken nicht zu denken war.

Endlich hatte der Regen aufgehört und ein sonnenwarmer Spätherbst lockte einen Strom von Wanderern ins Gebirg. Am Abend war's sinnlos, hier anzusitzen, denn noch in später Dämmerung kamen – Stöcke klappernd – immer wieder Bergsteiger vorbei. Als Einsamkeit suchender Jäger schätze ich es gar nicht, wenn ich wie ein Museumsstück, 10 m neben dem Weg hockend, von Wanderern begafft werde. Das hieß für mich, früh hinter meinem Stein auf Lauerposition zu gehen. Doch auch das wurde mir vergällt, denn die „Touris" waren ebenfalls früh unterwegs. Also verschob ich abermals mein Vorhaben auf spätere Wochen, wenn erster Schnee und schlechtes Wanderwetter den Strom der Ausflügler versiegen lassen würde.

Endlich war es soweit. Noch im Finstern hatte ich es mir hinter dem großen Steinbrocken bequem gemacht. Jetzt würde ich meinen feinen Plan in die Tat umsetzen. Wie zum Hohn zog statt der Gais Rotwild, Stuck, Schmaltier und Spießer vom Rossfäller Wald über den Lahner, verlockte, gemächlich ziehend zum Hinaufschießen. Und wir hatten noch eine so große Anzahl auf dem Abschussplan stehen. Vor der Brunft wurde wenig erlegt, es hieß, man dürfe den Hirschen nicht die Weiber wegschießen. Und jetzt war plötzlich Druck dahinter.

So hatte man kürzlich einen Jagdgast, der noch nie ein Stück Rotwild erlegt hatte, allein auf Kahlwild ansitzen lassen. Man hatte ihm nur gesagt, wenn ein einzelnes Stück käme, könne er unbesorgt schießen. Um's Haar wäre da ein Unglück geschehen. Nahe der vorderen Jagdgrenze, unweit dem Hof vom Seppl-Bauern hatte man den Jäger postiert. Der anständige Mensch berichtete denn auch ehrlich erschreckt über die Geschichte. Es war schon fast Nacht geworden, gerade wollte er zusammenpacken und vom Hochstand abbaumen, da trat ein starkes Stuck, ganz allein, ohne Kalb aus dem Wald. Er hob die Büchse, das Fadenkreuz suchte, fand das Blatt, eingestochen, der Finger tastete nach dem Abzug – da – plötzlich wieherte das „Alttier". Fast wäre er vor Schreck vom Baum gefallen. Es war noch einmal gut ausgegangen.

Was sich da vor mir brettlbreit hinstellte, waren keine Rösser, obwohl sie aus dem Rossfäller Wald gezogen kamen. Ich schoss erst das Schmaltier und als das Stuck nach wenigen Fluchten – unschlüssig, woher der Schuss kam – kurz verhoffte, hatte ich die Kipplaufbüchse schon wieder nachgeladen und die Kugel ließ es den steilen Hang herab walgen. Für den Vormittag hatte ich ausgesorgt.

Am Mittag fuhr ich mit dem Bernhard die beiden Stücke holen. Da stand die Gais wieder brav auf ihrem Ausguck.

Der Versucher lockte: „Schuiß vom Karrefenschtr nüs! So kennts gong!" (Schieß vom Autofenster aus! So könnt's gehen!")

„Das ist doch nicht dein Ernst?"

Beschämt gab er zu: „Des isch blos a Tescht gwea, ob du no a reachta Jägar bisch!"(Das war nur ein Test, ob du noch ein rechter Jäger bist!)

Die Gais testete mich den ganzen Herbst. Nur vom Auto aus. Wenn ich am Stein hockte, vermied sie jeden Test; sie ließ sich gar nicht erst blicken.

Ich weiß nicht, wie oft ich in den kommenden Wochen den Weg über das kleine Brückerl und hinauf übers Älpele gestiegen bin. Die gute Gais vom Känzele hatte derweil ein Gast aus dem hohen Norden erlegt. Ich gönnte sie ihm von Herzen und hoffte nur, dass er auch ermessen konnte, was für einen Schatz er da aus unseren Bergen mit heim nahm.

Es kam mir bei meinen erfolglosen Ansitzen in den Sinn, dass es noch einen anderen Platz geben müsse, wo ich die eng Gestellte vielleicht finden könnte. Ihren Sommerplatz hatte sie wohl verlassen, weil's hier nun nichts mehr zu „gucken" gab. Gams sind ja bekannterweise neugierig. Man kennt das von den Bergbahnen. Da liegen sie auf den Felsköpfen und schauen sich wiederkäuend die Gondeln und Skifahrer an.

Knapp einen Kilometer weiter vorn, talaus, am „Bräune", da könnte sie jetzt sein. Das war ein ebener Platz in der Größe von 100 m im Quadrat. An einem Randbaum stand eine bequeme Kanzel. Dort, dachte ich, könne ich es doch auch einmal versuchen. Rechter Hand schaut man hinauf in eine freie Rinne und beiderseits weiträumig stehenden Buchenwald. Und wirklich, ich jubelte innerlich auf, im letzten Licht kam sie über die Lawinenrinne gezogen. Das eng stehende Krickerl war in der Dämmerung nicht zu verwechseln. Der schnelle Schuss auf 150 m dort hinauf war kein Kunststück. Es riss sie von den Läufen. Mit anfangs noch erhobenem Haupt rutschte sie schlegelnd hangab. Als ihre Talfahrt zu Ende war, lag sie verloschen da. Endlich, endlich war sie mein. Der Bernhard würde schauen!

Als ich triumphierend, weil ich es gar so schlau angepackt hatte, die Verendete aus dem Schnee hob, würgte mich tiefe Enttäuschung. Ein geringes dreijähriges Gaissl hatte ich, großer Meister, da gemeuchelt. Zwar stand ihr Krickerl auch recht nah zusammen, aber sauber angesprochen war das nicht. Sollte der Bernhard recht behalten mit seinem: „Die kriegst du nie!?"

In den folgenden Wochen schneite es zu. Der Dezember kam mit gewaltigen Schneemengen, dass man zum Füttern nur mit dem Schneemobil ins hintere Tal gelangen konnte. Und dann begann die Schonzeit und mit ihr war mein lang aufgesparter Anteil verfallen.

Sommers darauf schaute ich nach ihr; da war etwas Unerwartetes geschehen. Sie führte ein Kitz! So gänzlich ungewöhnlich ist das nun auch wieder nicht. Ältere Gaisen können durchaus mal ein Jahr oder auch zwei aussetzen. Sie stand nun auf der gegenüberliegenden Bergseite, bei Peters Älpele. Mit dem dortigen kleinen Gamsrudel von etwa 25 Stück hatte sie sich zusammengetan. Gemeinsam ist man vor dem Adler sicherer. Durch meine

Sucherei hatte ich unter ihnen eine kapitale, einschichtige Gais entdeckt. Der Herbst ging dahin mit dem Höhepunkt ihrer Erlegung. In meinem Buch „All das ist Jagd" habe ich ihr ein Kapitel gewidmet.

Das neue Jahr brachte Unmengen von Schnee. Dann wurde der März sommerlich warm und kippte gegen Ende des Monats wieder zurück in grimmigen Winter. Bis in den Mai hinein Schneemassen und Lawinen ohne Zahl. Der Nachwinter zehntete das Wild. Wo würde nun meine Engschlauchige stehen? Hatte sie überlebt?

Als die Sommerwärme im Juni zögerlich den Schnee wegaperte, fanden wir viele seiner Opfer. Adler und Raben wiesen den Weg. Doch die Enge war nicht dabei. Weder auf ihrem alten Ausguck noch auf Peters Älpele war sie zu finden. Beinahe vergaß ich sie.

Nach Mitte Oktober – die starken Hirsche, schön ordentlich benamst als „Einserhirsche", hatten nun Ruhe vor dem Blei der Jäger – plante ich mit meiner Frau eine besondere Hochtour.

Anfang des Hirschmonds, genauer am 3., hatte ich den Hirsch der Hirsche (natürlich nur nach meinen Maßstäben) erlegt. „Nur" ein Zwölfer, aber mit seinen klobigen, rußschwarzen, bis in die blitzweißen Enden hinauf geperlten Stangen, ist er für mich der Inbegriff des Allgäuer Berghirsches. Nie stand er an einer Fütterung, in all seinen 14 Jahren holte er seine urige Kraft aus unverfälschter Natur. „Der Butsch". Dieser sonderbare Name war das einzige, was der Mensch ihm anhängen konnte. Auch diesem Wild habe ich in dem oben genannten Buch eine Erinnerung gesetzt.

Zum Nacherleben stieg ich nun mit meiner Frau den einstigen Pirschgang nach. Wir ließen uns vom Jäger Bernhard ein Stück des Wegs zum „Glei" hinauffahren. Sodann wollten wir über den Erlegungsort „Taufersberg" – er liegt zufällig genau etwa 400 Höhenmeter über dem Ausguck der „Engen" – über den Guggersee zurück zum Jagdhaus Birgsau pirschen. Eine einmalig schöne Höhentour, für die wir uns mit allerfeinster Brotzeit gerüstet hatten.

Vom „Glei" aus quert man den gleichnamigen, schäumend über die Felsen munter zu Tal springenden Bach und steigt durch Latschengassen hinauf zum „Löffler". Das ist eine freie Fläche unter steil aufragenden Felswänden. Hier wächst dem Wild beste Äsung und unzählige Alpenblumen erfreuen das Auge. Da stehen immer Gams. So auch heute. Alles nur Gamsmütter mit übermütig spielender Jugend. Sie standen weit oberhalb unseres Steigs und hielten, da sie hier an Bergsteiger gewohnt sind, unser Vorbeiwandern, argwöhnisch sichernd, aus.

Als wir den Löffler heil überquert hatten – Steinschlag surrt hier oft gefährlich an einem vorbei – machten wir Rast. Hier, auf einem schmalen Rücken war der Platz, von dem aus ich vor zwei Wochen noch bei letztem Sternenschein das Brunftgeschehen erlebt hatte. Meine Schweißhündin Silva beobachtete gerade interessiert, wie ich unsere Herrlichkeiten aus dem Rucksack packte. Da traf mich von oben herab ein scharfer Gamspfiff. Ganz frei, etwa 120 m steil oberhalb von uns, stand unter einer Felsmauer ein Gams. Ganz allein, abseits der Schar, die wir bereits weit vorher passiert hatten.

Spektiv heraus? Das dauerte zu lange. Ungeduldig stampfte die da droben mit dem Vorderlauf. Da brauchte ich kein Spektiv! Das Glas bestätigte mir das Unverhoffte, es war „meine Enge". Kein Kitz weit und breit. Ich warf mich seitwärts, schnappte mir die Kipplaufbüchse, legte auf dem herbeigezogenen Rucksack auf. Da wendete die da oben sich zum Abspringen. Der eilig hingezielte Schuss riss sie von den Läufen. Das Echo donnerte die Felswände entlang, kam von der jenseits des Tals aufragenden Bergseite vom Linkerskopf wie ein fernes Donnergrollen zurück. Eh es verrollt war, war die Gais, sich in der Steile immer wieder überschlagend, bis fast ganz zu uns herabgewalkt. In meine jubelnde Freude mischte sich plötzlich eine heiße Besorgnis. Hatte ich zu schnell geschossen? War da nicht doch irgendwo ein Kitz? Ich hielt es nicht länger aus, eilte hinauf zu der Verendeten. Der erste Blick galt dem Gesäuge. Ein Stein, ein Felsbrocken fiel von mir. Es war trocken, leer. Kein Kitz!

Zum Zählen der millimeterbreiten Jahresringe brauchte es fast eine Lupe. Es wurden nicht weniger als sechzehn. Welch ein glücklicher Platz hier heroben. Erst der Hirsch, dem ich schon im Vorjahr vergebens nachgestellt hatte, und nun die lang ersehnte, lang gejagte Gamsgais. Des Jägers Glück konnte keine Steigerung mehr finden.

Nach einer Zeit, in der alles Erleben nochmals an uns vorbei gezogen war, packten wir zusammen. Zurück übers Glei, das wäre zu weit gewesen, hatten wir doch drunten kein Auto stehen. Also die schwere Gais aufgebuckelt. Meine Frau nahm die Büchse, so ging der weite Weg über Guggersee und Scheidbichl ganz passabel. Nur beim letzten Stück, dem Abstieg über den kniebrechenden, steilen „Aufzug", da schob und druckte die „Alte" ganz gehörig. Gern ertrug ich die Bürde, was zur Jagd gehört wie Hund und Büchse.

Drunten, vorm Jagdhaus, kam uns der Berufsjäger entgegen. Er sah meinen schweren Rucksack. Fragend schaute er mich an. Wortlos ließ ich die Last von meinen Schultern. Als er das Häuptl der alten Gais sah, schlug er mir freudig auf die Achsel.

„Hosch se doch kriagt! Weidmannsheil!"

Am Abend ging ich nochmals zur Wildkammer, wo sie im Kühlen hing. Neben ihr, an den Kruckenbögen aufgehängt, hingen einige recht gute Gamsböcke. Bewundernd davor stand eine Gruppe von Jagdgästen der beiden Hauptpächter. Sie hatten nur Augen für die starken Böcke. Niemand beachtete meine „Enge". Im Hinausgehen fing mein Ohr ein abschätzig hingeworfenes Wort auf: „Abschussstück".

So ist's halt auf der Jagd. Vieles ist reine Ansichtssache.

Steirisches Trio

Was zum Teufel hatte mir der Bernd da in den Rucksack gepackt!? Bei der nächsten Rast wollte ich unbedingt nachschauen, ob da keine Felsbrocken drin waren. Der drückte mich gehörig, doch die Vorfreude aufs Gamsjagern machte mir das Steigen leicht.

Wie jedes Jahr war ich bei meinem Freund in der grünen Steiermark auf Gams eingeladen. Vor mir stieg mit gleichmäßigem Schritt der Hans, der revierkundige Jagdbegleiter. Langsam versank hinter uns das Tal; wir wollten noch vor Einbruch der Nacht hinauf zur Gamsbodenhütte.

Schon im Frühsommer hatte mich der Freund angerufen, und wir verabredeten, uns zur Hirschbrunft auf seinem Jagdhaus wiederzusehen. Er werde sich im unteren Teil des Reviers um seinen Hirsch-Gast kümmern, während ich mit dem Berufsjäger Wolfgang im Gamsgebiet, von der Hütte aus, ohne die Hirschjäger zu stören, weidwerken könne.

Eine Woche vor meiner Abreise rief er mich nochmals an, ich solle keinesfalls ohne meine BGS-Hündin Silva kommen, was für mich ohnedies selbstverständlich war. Der Wolfgang sei bei einer Nachsuche abgestürzt, er läge im Spital, und mit seinem Hund käme kein anderer zurecht. Als Pirschführer sei für mich der Hans da, oder, wie hier jeder sagte: „Da Hons".

Wir hatten in den Vorjahren miteinander schon so manchen Gang gemacht, und ich kannte ihn als ruhigen, ein wenig kauzigen Bergmenschen. Also mit dem „Hons". „Da Hons" mit dem Nietzsche-Schnauzbart. Es hatte mich immer fasziniert, wie er mit diesem Walross-Schnauzer essen konnte, ohne seine eigenen Haare aufzufressen. Es funktionierte aber. Dazu hing ständig, wenn er nicht gerade aß, eine halblange krumme Pfeife aus dem Vorhang seiner graumelierten Borsten. Über das Mundstück dieser Pfeife hatte er den Gummi vom Bügelverschluss einer Bierflasche gezogen. Damit hielt sie, auch wenn er sprach, im Gehege seiner lückigen Zähne. Ich war selber einst Pfeifenraucher gewesen, und es lief mir kalt über den Rücken, wenn ich den quietschenden Ton des Gummis an seinem Gebrech hörte.

Im Jagdhaus gab's nach meiner Ankunft das große Wiedersehens-Hallo mit Erzählen, Bewundern der bereits erbeuteten Geweihe, Jausnen und Kennenlernen des anderen Gastes. Dessen Erfolg schien dem Freund besonders am Herzen zu liegen.

Nachdem die Rucksäcke mit der Wochenverpflegung gepackt, Erfolgswünsche ausgetauscht waren, machten wir uns auf den langen Weg. Eine kleine Strecke ging's noch per Auto, dann war Schluss mit der Bequemlichkeit. Eine Wochenlast hat ihr Gewicht, besonders wenn man nicht auf den abendlichen Wein verzichten will. Doch den hatte ich auf eine Flasche Schilcher zur Ankunft und eine zur eventuellen Erfolgsfeier beschränkt. Droben gibt's herrliches Gletscherwasser, klar, und gesund. Mir voraus dampfte die Pfeife vom Hans wie eine Zugmaschine; er stieg gleichmäßig wie ein Uhrwerk, und im gleichen Takt tropfte mir der Schweiß von der Nasenspitze. Bei einer kleinen Verschnaufpause im Dämmern grollten vom Talgrund herauf schon die ersten, fernen Stimmen der Hirsche. Der Himmel war klar, und es versprach eine kalte Nacht zu werden. Morgen würde es gewiss einen Raureif haben.

Beim Glitzern der ersten Sterne öffnete sich knarrend die Hüttentür. Der elendsschwere Rucksack und die Büchse glitten von den Schultern. Ich begann wieder zu wachsen. Bald hatten wir uns eingerichtet, die glühende Herdplatte vertrieb langsam die klamme Kälte. Von hier aus, an der oberen Grenze des Zirbenwalds, konnten wir weit in die baumlosen Kare blicken. Am Morgen, erst bei vollem Tageslicht wollten wir rundum spekulieren und schauen, wo die Gams stehen.

Nachdem das letzte Glas des Schlummer- und Willkommens-trunks geleert war, trat ich noch einmal mit der Hündin vor die Hütte. Die Milchstraße wölbte sich wie ein helles Band über den Nachthimmel. Hier wurde das Wort „Sternenzelt" wieder zur Wirklichkeit. Wo kann man das noch so erleben? Kein Laut unterbrach die Stille. Nur ganz von fern verweht das Röhren der Hirsche.

Viel zu früh war ich wach. Den Hans hörte ich noch schwere Baumstämme zersägen, doch bald vernahm sein feines Ohr das Klappern der Hundeschüssel und er erschien zum Feuermachen. Vom Fenster aus sahen wir weit im Gegenhang die Gams stehen, und als es voller Tag war, tauchten ringsumher hier und da kleinere Scharl auf. Die Spektive zeigten uns bald ein Rudel von sechs Böcken, da konnte was Passendes dabei sein.

Schnell waren wir auf dem Weg, denn wir wollten die Morgenstunden nützen, nicht dass uns Bergwanderer den Plan verderben würden. Es war nicht einfach, näher an die Gams zu kommen, das Gelände ist hier heroben fast baumlos, nur einzelne große Felsbrocken bieten Deckung. Wir mussten arg Acht geben, denn in den Senken und Rinnen konnten plötzlich noch andere Gams auftauchen, und dann wär's „Hurra die Gams!" dahin gegangen. Gut kamen wir näher, der Wind stand noch talwärts, aber dann ging's nicht mehr weiter, denn oberhalb der Böcke war eine Kitzgais aufgetaucht, die schon argwöhnisch auf uns herab äugte. Die Gläser zeigten lauter mittelalte Böcke, nur einer davon war etwa sieben bis achtjährig mit extrem eng gestellter, aber hoher Krucke.

„Der passet. Wann er dir g'fallt, nocha packst'n! Is eh ka schlechter net", raunte der Hans mir zu.

Die Gams standen in einer Senke etwas unterhalb von uns, und ich konnte im Liegen in aller Ruhe hinunterzielen. Als der Bock das Blatt zeigte, schoss ich. Vor mir platzte eine Staubwolke hoch, und ein Steinsplitterregen prasselte herab. Ich war verwirrt. Was hatte ich da gemacht? Wie ein Anfänger nur durchs Zielfernrohr geschaut und nicht darauf geachtet, wohin der Lauf zielt. Grad einen Meter vor mir sah man Flurschaden an einem Felsbrocken.

Die Böcke waren dahin. Der Hans hatte ihnen noch nachgeschaut, aber sie schienen alle gesund zu sein. Nun, ich wollte dennoch nach dem Anschuss gucken. Auf der Jagd gibt's die unglaublichsten Überraschungen. Meine Silva hatte alles in Ruhe betrachtet, sie wusste längst, was nun kommt. Doch da, wo die Gams gestanden waren, zeigte die Erfahrene, die ich etwa 50 m weit suchen ließ, keinerlei Pirschzeichen und sie hatte wenig Interesse an den Gesundfährten.

Sie liebt ja die Gams, aber schon in ihrer frühen Jugend kam mir der Zufall zu Hilfe, dass ihre allzu heiße Liebe mit wilden Hatzen und Privatjagdln eine etwas vorsichtigere wurde. Ich hatte einst beim Schnee einen Gams geschossen und mit dem Strick zog ich ihn talwärts. Da fand's die junge Hündin lustig, sich in die Hinterläufe zu verbeißen, sich mitziehen zu lassen und dann auch noch dem Gams ab und zu an die Drossel zu fahren. Plötzlich, da es auf einmal steil bergab ging, überschlug sich der Bock und die Krucken verhakten sich schmerzhaft in ihrem Rücken. Seitdem hat sie den gebührenden Respekt, was mir sehr lieb ist. Ihr Vater, „Boris vom Hochgall", war ein berühmter Gamshund. Bei einer Hatz verstieg er sich mitsamt dem angeschweißten Gamsbock auf ein schmales Felsband. Beide konnten weder vor noch zurück, ohne in die jähe Tiefe zu stürzen. Der Rüde verbellte ohne Unterlass den Kranken und rief seinen Herrn herbei. Als erstes schoss er den Bock aus der Wand. Der Hund rührte sich nicht von der Stelle. Sein Führer ließ sich mittels schnell herbei geholter Helfer zum Hund hinunter abseilen. Aber, o Schreck, es war eine überhängende Felswand und Hund und Herrn trennten auf gleicher Höhe noch gut eineinhalb Meter. Dazu gähnte unter ihnen der tödliche Abgrund. Da rief der Jäger seinem Hund zu: „Hopp!" Und der Rüde sprang seinem Herrn in die Arme. Welch ungeheuer gute Nerven und welch unglaubliches Vertrauen!

Uns verblieb nun nichts anderes, als zur Bergseite gegenüber zu pirschen. Im Gebirg knallt es ja öfters durch Steinschlag, und hier ist das Wild noch nicht übernervös durch zügellosen Abschuss. Die Sonne stand mittlerweile hoch am Himmel, und der Wind zog bergauf. So pirschten wir entlang einem Hochgrat und glasten die unter uns liegenden Kare ab. Es wurde warm, die Gams lieben das gar nicht, und es rührte sich nichts mehr. Da machten wir es genauso und lagerten uns im Schatten; von dort aus hatten wir alles im Blick.

Am frühen Nachmittag tauchten unter uns überall die Gams auf. Abseits von einem Scharl stand eine interessante Gais. Sie führte offensichtlich kein Kitz und war sicher in der Mitte ihres zweiten Jahrzehnts. Bis auf 170 m kamen wir ungesehen heran. Auch hier ging's von einem deckenden Felsbrocken zum anderen. Ich musste im Sitzen schießen, wie festgeschraubt lag die Kipplaufbüchse am Bergstecken. Die Gais machte keinen Schritt mehr, erloschen lag sie vor einem großen Felsbrocken. Die anderen Gams ästen jenseits davon und hatten gar nicht mitbekommen, dass eine der Ihren nicht mehr war. Langsam zogen sie fort. Wir warteten, bis sie außer Sicht waren, um zu unserer Beute zu gehen. Sie war gering im Wildbret, hochbetagt. Siebzehn schmale Jahresringe zählten wir auf der dünnen Krucke. Und Kitz hatte sie sicher etliche Jahre keines mehr geführt. Eine echte Geltgais.

Der Hans ging voran, der Hütte zu. Die Gais zog er hinter sich her über das fahle Herbstgras. Im Zurückbleiben konnte ich mich an dem stimmungsvollen Bild erfreuen. Unser Weg führte durch den Zirbenwald. Weiträumig, wie in einem Park, stehen hier die sturmzerzausten Bäume. Dazwischen leuchteten altgolden einzelne Lärchen. Eine Farbensymphonie des Herbstes: das tiefernste Dunkelgrün der knorrigen Zirben im Kontrast zum Lärchengold.

Im lückigen Bestand mauste in einer Senke ein Fuchs. Er war ganz vertieft auf Mäusejagd. Der Hans bat, ich solle ihn schießen, hier gibt's viel Auer- und Birkwild. Um ihm eine Freude zu machen – er hatte keine Büchse dabei –, reichte ich ihm die meine. Er schoss stehend, vom Stecken weg – es waren gute 150 m und der Fuchs lag im Knall. Sauber!

Auf der Hütte angekommen, hängten wir die kohlschwarze Geiß an den Zapfen unterm Dach, daneben den prächtigen roten Fuchsrüden. Auch dies eine herbstliche Farbsymphonie. Immer wieder zog es mich vor die Türe, um bewundernd über Decke und Balg unserer Beute zu streichen. Auch der Hans war stolz auf seinen guten Schuss und freute sich über den schönen Birkfuchs.

Es war Nacht geworden, wir feierten mit unserer letzten Flasche, da knurrte die Hündin warnend. Und kurz darauf polterte es vor der Tür. Ein Bote vom Jagdherrn mit einer Nachricht. Der Gast hatte einen kapitalen Hirsch angeschweißt, er bat mich, am Morgen die Nachsuche zu machen.

Das wurde eine kurze Nacht, denn mir gehen in so einem Fall zu viele Gedanken durch den Kopf. Noch im Finsteren machten wir uns mit Gams und Fuchs auf den Abstieg. Die Vorräte ließen wir auf der Hütte, ich wollte ja hernach alleine noch ein paar Tage die Einsamkeit genießen.

Vor dem Jagdhaus hatte sich bereits eine kleine Mannschaft versammelt. Bernd und der Gast machten arg bedrückte Gesichter, es würde nicht gut ausschauen. Der Hirsch sei ein Sechzehnender mit einem besonders interessanten Geweih. Beidseitig trüge er eine Dreierkrone und gegabelte Wolfssprossen. Auf den Schuss bei bestem Licht mit 300 Win. Magn. auf knapp 100 m hatte er mit einem kurzen Hochziehen des Rückens gezeichnet. Inmitten seines Brunftrudels war er über einen Grat fortgeflüchtet. Am Anschuss hätten sie keinerlei Pirschzeichen gefunden, diesen verbrochen und sich leise entfernt.

Eine kleine Jause gönnte ich mir, denn wie lang die Nachsuche dauern würde, war ungewiss. Die Hündin musste leider nüchtern bleiben: „Ein voller Bauch studiert nicht gern". Bernd erklärte mir nochmals den Ablauf vom Vorabend, dann ging ich allein zum Anschuss und schaute mich nach Pirschzeichen um. Ganz wenig Schweiß, es sah mir sehr nach Weidwund aus, kurzes Schnitthaar vom Körper, Gott sei Dank keine Knochensplitter. Die Silva hatte sich meine Umeinandersucherei in aller Ruhe angeschaut, und nun gab ich ihr mit „Such verwundt!" den ganzen Riemen.

Ruhig und konzentriert ging die Reise ab. Wie uns geschildert, erst über den Grat, dann drüben hinab in dichten Jungwald. Ich verließ mich ganz auf die Erfahrene, sie verwies anfangs nur wenige Tropfen Schweiß, dann zeigte sie nichts mehr. Aber über allem lag strenger Brunftgeruch. Nach weiteren 600 m ein größeres Tropfbett mit nun wirklich eindeutigem Weidwund-schweiß. Bravo, wir waren richtig! Ruhig suchte meine „Rote", den Riemen konnte ich fallen lassen. Ab und zu bögelte sie, doch die Fährte schien ihr keine sonderlichen Probleme zu bereiten. Der Hirsch hatte sich schon eine ganze Strecke vom Rudel getrennt, meine Hoffnung stieg, dass wir ihn bereits verendet finden würden. Nach etwa 1 km durch einigermaßen lichten Bestand führte die Wundfährte in einen dichten Latschenfilz. Das würde kein Leckerbissen! Aber hier nahm die Silva die Nase hoch und zeigte mir, indem sie unwillig nach dem Riemen schnappte, wie sie es immer macht, wenn sie geschnallt werden will. Hier steckte der Hirsch! Sonderlich Lust, mich durch die federnden Zundern hindurch zu kämpfen, hatte ich eh nicht, also streifte ich ihr das Geschirr ab.

„Hu hatz, fass!"

Fort war sie. Bange Minuten. Da! „Hif, hif, hif", heller, giftiger Hetzlaut! Die Jagd ging weg von mir, einem Berghang zu. Ich nahm die Füße unter den Arm, umging das Latschenfeld und schaute, dass ich nachkam. Plötzlich die Erlösung – Standlaut – die schönste Musik. Vorsichtig pirschte ich mich an die Bail heran. Schlag auf Schlag, von oberhalb kam der Laut. Unvermittelt stand ich vor einem steilen Graben.

Nach oben zu verbreitert er sich zu einem augedehnten Lawinenhang. Und droben, 80 m über mir, stand der mächtige Hirsch. Mit gesenktem Geweih wehrte er die aggressive Hündin ab, die ihn wütend verbellte. Welch ein Bild! An den Fotoapparat im Rucksack wagte ich nicht zu denken, jetzt musste es schnell gehen. Noch völlig außer Atem konnte ich an einer Randfichte anstreichen, und als die Silva sicheren Abstand vom Hirsch hatte, warf ihn der Schuss von den Läufen. Es riss ihn förmlich in die Tiefe. Sich überschlagend, polterte er an mir vorbei und blieb 40 m unterhalb in dem engen Graben liegen. Prasselnd kollerten Steine hinterdrein.

Da zog mir eine furchtbare Angst das Herz zusammen – es schrumpfte wie eine Dörrzwetschge. Wenn, zum lang g'schwanzten Teufel! das nun gar nicht der Kranke gewesen war? Nicht auszudenken. Alle grünen Geister rief ich an. Bis ich mich mühsam, voller Ungeduld hinunter gehangelt hatte, war die Hündin schon beim Hirsch und leckte den Schweiß vom Schussmal.

Ganz zusammengeschoben lag der Edle da. Zuerst musste ich mühsam das Haupt aus dem Fallholz hervorziehen und dann, ein dankbares Aufatmen – Gott sei Dank, es war der richtige Hirsch, der starke Sechzehnender mit den gegabelten Wolfssprossen. Zwei Einschüsse fand ich, der erste saß hinten hoch im kleinen Gescheide. Das Geweih war nach diesem Absturz heil geblieben. Der brave Hund! Meine Liebkosungen ließ sie gnädig über sich ergehen, in solch einem Fall interessiert sie nur ihre Beute.

Die Helfer, die nach einiger Zeit auf meine Rufe zu uns heraufgestiegen kamen, musste ich ein wenig bremsen und der Hündin klarmachen, dass der Hirsch uns allen gehört. Gerade nach einer scharfen Hatz ist sie so sehr aufgereizt und ungern bereit, Fremde an ihr Wild heran zu lassen. Endlich kam nun auch der Schütze keuchend dahergekraxelt. Überglücklich fiel er mir um den Hals. Die Silva machte ganz „falsche Augen" bei der Szene. Mit gutem Zureden ließ sie auch den Erleger an sein Wild. Freund Bernd hatte ein wenig nasse Augen, so freute ihn der Erfolg. Mit vereinten Kräften zogen wir den Hirsch zum tiefer gelegenen Forstweg.

Es war noch früh am Tag, wir streckten den Edlen vor dem Jagdhaus, dazu meine Gamsgais und den Fuchs. Bernd und ich verbliesen die selten bunte Strecke – das steirische Trio – mit den Parforce-Hörnern, die in der Diele des Hauses hängen. Der Gast wollte unbedingt seine Freude bei einer kleinen Feier mit uns teilen. Dazu lud er alle auf das Berggasthaus im Nachbartal ein. Ich kannte es bereits von früheren Besuchen. Das bedeutete stets Großangriff auf die Leber. Der Wirt ist Spezialist im Schnapsbrennen, und jedes Mal muss man sämtliche Sorten der Reihe nach durchprobieren: Marillen-, Himbeer-, Brombeer-, Zwetschgen-, Apfel-, Birn-, Heidelbeer-, Vogelbeer- und weiß der Teufel, was noch alles für Brände tischt er ohne Unterlass auf.

„Kostet's den, kostet's den a no!"

Dazu spielt sein etwas behinderter 10-jähriger Bub auf der Diatonischen den Schneewalzer. Was anderes kann er nicht. Es ist wie eine Marter. Man kann es ihm jedoch nicht verwehren, es ist seine einzige Freude. Wenn man ihn dann dafür lobt, geht ein Sonnenstrahl über sein rundes G'sichtl.

Wir polterten in die Gaststube, der Wirt war bereits telefonisch benachrichtigt, und es gab, wie immer hier heroben, Schafbraten. Kein Lamm, sondern einen kräftig „bockelnden" Schafhammel, der auf dem Teller noch „määh" schreit. Gut, dazu braucht man schon ein, zwei Schnäpse. Doch was darüber war, ließ ich diskret am Stuhlbein auf den Dielenboden rinnen. Ich wollte ja überleben. Und dazu, als unvermeidliche Untermalung, wie befürchtet: Schnee-, Schnee-, Schneewalzer!

Ich war sehr froh über meine selbstauferlegte Enthaltsamkeit, denn die Wogen der Begeisterung schlugen hoch und höher. Meine Silva bekam einen Ehrenplatz auf der Eckbank und eine Extra-Portion Hammelfleisch. Der glückliche Hirschjäger hatte sämtliche Sorten der Hausbrände durchgekostet und die besäuselte Freundesschar war erleichtert, dass wenigstens einer noch fahrtüchtig war.

Endlich hatte ich meine heiteren, nicht nur in dichte Tabakswolken eingenebelten Jagdfreunde wieder im Auto und bald darauf im Jagdhaus abgeladen. Wie froh war ich, dem Dunstkreis der diversen Brände mit gelinder Rauchvergiftung entfleuchen zu können.

Als ich bereits beim Auto vorm Jagdhaus stand, spürte ich eine Hand auf meiner Schulter. Der Bernd war's, der Jagdherr.

„Gerd, nochmals Weidmannsdank, und jetzt holst dir drob'n noch an g'scheit'n Gamsbock!"

Die Dämmerung umfing mich, als ich, diesmal allein mit meiner braven Hündin, den Weg hinauf zur Gamsbodenhütte stapfte. Der Rucksack druckte heute nicht gar so höllisch wie beim ersten Aufstieg. Der Freund hatte mir fürsorglich ein paar steirische Köstlichkeiten eingepackt – gewiss keine Felsbrocken.

Das Wetter hatte sich eingetrübt, ein kalter Wind jagte einzelne Schneeflocken von der Höhe. Als ich endlich aufschnaufend im Finstern vor der Hütte stand, war ich bereits in dichten, wirbelnden Flockentanz gehüllt. Dazu sang es immer noch in meinem Kopf: „Schneeee-, Schneeee-wal-zer tanzen, tanzen wir".

Tiro!

Leuchtend weiße Stämme der Birken. Letzte goldene Blätter nehmen Abschied vom Sommer, vom Herbst. Im leisen Windhauch schaukeln sie taumelnd zu Boden. Vor mir liegt ein lang gestreckter Bruchwaldstreifen, davor ein Graben mit träg dahin schleichenden moorigen Wassern. Hinter meinem Stand setzt sich der Birkenwald fort, nur etwa 7 Meter breit ist die Schneise zwischen den beiden Waldstücken. Die Treiber sind noch weit entfernt, ganz fern verweht erklingen ihre Rufe: „Hahn, Hahn!" Man hört das empörte Gocken der aufstehenden Hähne. Jäh bricht's im Flintenknall ab.

Freund Bernd hat mich zu seiner Fasanjagd im Hansàg eingeladen. Viel habe ich über dieses Naturparadies an der Grenze vom Burgenland zu Ungarn in alten Jagdbüchern gelesen. Von Gänse- und Entenjagden, der ursprünglichen Landschaft und natürlich auch über die berühmte „Brücke von Andau", die nur wenige Kilometer entfernt ist. Während der Ungarischen Revolution 1956 war sie der wichtigste Fluchtweg in die Freiheit. Ströme von etwa 200.000 Flüchtlingen – Blüte der Nation – sind über sie dem kommunistischen Terror entkommen, bis die Brücke von den Schergen der roten Machthaber gesprengt und das große Gefängnis Ungarn abgeriegelt wurde.

„Tiro!"

Der Ruf meines Standnachbarn reißt mich aus meinen Gedanken.

Hoch über die Birken streicht ein Fasangockel stichgrad auf mich zu. Noch ist er nicht über der Schneise. Erst im Moment, als er kurz davor ist, fährt die Flinte hoch, und im Schuss fällt der Vogel prasselnd durch die Wipfel hinter mir ins Gesträuch.

Ein paar Federn schweben vom grauen Novemberhimmel herab. Dankend für den Weckruf, hebe ich die Hand zum Nachbarn.

Tiro! Das ist der Ruf, der den Jäger elektrisiert, ebenso wie das prasselnde Abstreichen des Fasans oder das „rett – rett – rett" einer aufstehenden Rebhuhnkette. Man kann dazu noch das „pääk" der am Ufer überraschten Enten zählen oder das „gäätsch" der Bekassine.

Das Röhren des Brunfthirsches, das Blädern des Gamsbocks oder das Keuchen des treibenden Rehbocks sind gleichermaßen Musik, sicher sogar die schönere in unseren Ohren, doch den jähen „Kick", der unmittelbares Handeln erheischt, bringt allein jener Ruf und die oben beschriebenen Laute des Flugwilds. Das fährt wie der Blitz in die Führungshand, während die Flinte noch in der Armbeuge ruht.

In den Tagen zuvor herrschten hier noch sommerliche Temperaturen, doch der Wetterbericht kündigte ein Tief an. Und wirklich, in der Nacht hörte ich es vor meinem Fenster plätschern und rauschen, wenn Windböen die regentriefenden Bäume schüttelten. Na Servus! Das kann ein nasses Vergnügen werden. Und das wurde es auch.

Bernd will erst einmal abwarten, ob sich das Wetter nicht doch ein wenig beruhigen würde. Im Jagdhaus gibt's Tee und erstes Kennenlernen der vier anderen Gäste. Alles bewährte Freunde des Hauses und versierte, um nicht zu sagen berühmte Flintenschützen. Immer wieder bange Blicke zum Fenster hinaus. Endlich, nach etlichen Tassen Tee – die Konturen der Bäume hinter dem nassen Vorhang werden klarer, der Regen scheint ein wenig nachzulassen.

Auf geht's. Wir sind ja nicht wasserscheu. Nur – bei solcher Nässe da fliegen halt die Vögel höchst ungern. Auf meinem Stand zwischen zwei Bruchwaldstücken marschieren dann auch etliche flugfaule Gockel mit scheuem Seitenblick an mir vorbei. Nun ja – im nächsten Trieb, da werden sie hoffentlich eher aufsteigen, wenn sie mein Anblick nicht gar zur Republikflucht veranlasst haben sollte. Trotzdem, ich brauche mich um Anflug nicht zu beklagen.

Als die Treiber näher heran sind, knallen die Flinten pausenlos, und ich habe wenig Zeit, die herrlichen Schüsse meiner Nachbarn zu bewundern. Neben meinem Stand liegen nach dem Abblasen viele bunte Vögel, alles eigene Beute. Hier ist es nicht so, wie auf so mancher Jagd, wo man gar nicht mehr weiß, wer nun der Erleger war, weil mehrere aufs gleiche Wild geschossen haben. Es soll ja Jäger geben, die plagt die Schießlust wie ein schmerzhafter Druck auf die Blase. „Trigger-happy" nennt man solche Typen auf der britischen Insel. Der Anflug war reichlich, jeder Schütze hatte genug mit den Gockeln zu tun, die ihn direkt anflogen. Und zudem waren die anderen Gäste routiniert und nobel, um nicht schussgierig zum Nachbarn hinüber zu langen. Fast alle Fasanen können so überkopf geschossen werden, denn die Querreiter kommen ja dem Nachbarschützen frontal.

In der Vergangenheit hatte ich für eine lange Zeit große Probleme mit diesem Überkopfschuss, der davor für mich überhaupt kein Problem, ja fast der leichteste war. Woran es lag, konnte ich mir nicht erklären, bis auf dem Jagdparcours ein aufmerksamer Puller, der mich früher als sicheren Überkopf-Schützen kannte, den Fehler entdeckte. Ich begann nämlich schon ewig lang auf die herankommende Tontaube zu zielen. Und durch dieses Zielen blieb ich beim Schuss immer hintendran. Er drückte mir die Flinte aus dem Anschlag, und erst als die Wurfscheibe kurz vor mir war, rief er: „Jetzt". Und sie zerplatzte zu Staub.

Meine ersten „Flugwild"- Jagderfolge liegen weit zurück in meiner Kindheit, der Bubenzeit. Gejagt wurde mit dem Steinschleuderer. Die Gabeln suchte man sich aus dem Fliederstrauch, der die gleichmäßigst gewachsenen hatte. Das größte Beschaffungsproblem war der Gummi. Der beste war der von Autoreifen, doch die waren rar nach dem Krieg. Bis da einmal ein Schlauch ausgewechselt werden musste, das dauerte. Der wurde sooft repariert, bis ein Flicken neben dem anderen ein buntes Muster bildete. Als Munition suchte man sich möglichst runde Steine, die hatten die beste Ballistik, die geradeste Flugbahn. Jedoch das Allerbeste waren die Projektile der Pistole „08". Unweit unserer Wohnung war durch Tieffliegerbeschuss ein Munitionszug ausgebrannt und auf zerstörten Gleisen stehen geblieben. In den Überresten fanden wir Buben Unmengen dieser Geschoße. Die hatten eine noch bessere Flugbahn und eine ungeheure Durchschlagskraft. War ich schon vordem ein erfolgreicher Vogelschütze, so wurden meine Erfolge mit der neuen Munition noch gesteigert. Saß beispielsweise ein Spatz auf der Stromleitung, so fiel er in den meisten Fällen beim ersten Schuss herunter. Einen Nachschuss gab es ja nie, dann war der Gefehlte ja voller Schreck bereits fortgeflogen.

Zu der Zeit war meine „Bibel" ein Werk des Altmeisters „Hartig" aus dem 19. Jahrhundert. „Lehrbuch für Jäger und die es werden wollen". Damals wurden die Tiere noch in „nützlich" und „schädlich" unterteilt. Das hatten wir Buben voll übernommen und uns eine eigene „Weidgerechtigkeit" zusammengezimmert. Danach galten alle Spatzen, Amseln, Stare und Rabenvögel als „schädlich". Alle anderen Vögel waren „nützlich", also zu schonen. Für jedes erlegte Federtier machte man sich à la Karl May eine Kerbe in die Schleudergabel. Gegenseitig wurde genau verglichen, wer der erfolgreichere Jäger war. Dabei galt ein strenger Ehrenkodex, dass man ja nicht mogelte und keine Kerbe ohne wirkliche Erlegung machte. Die Beute wurde oftmals in einer unserer Bubenbretterhütten gerupft und über einer Kerze gebraten. Der Stearingeschmack störte keineswegs, war es doch eigenhändig erlegtes Wild. Die Krönung unserer Jagd, quasi der „Kapitalhirsch", war ein Rabenvogel. So einen zu erjagen, war allerhöchste Weidmannskunst. Haarwild war weit schwieriger zu erwischen, denn Mäuse und Ratten reagierten zu schnell auf das Schnalzen des Gummiabschusses und waren längst fort, bevor die „Kugel" angekommen war. Nur einmal gelang es mir, ein Eichkatzl vom Baum zu holen. Schon im Herabfallen fing ich es auf. Doch es war noch nicht ganz verendet und biss mir tief durch die linke Hand. Die Angst vor einer Sepsis war mir fremd. Man saugte sich die blutende Wunde aus. Ausgespuckt! Fertig!

Die ersten Fasanen und Rebhühner habe ich in meiner Jugend zunächst nur vor dem Hund geschossen. Das war leicht, die „Popo-Fasanen" fielen problemlos. Erst als ich bei Vorstehtreiben an der Front stehen musste, war's ein anderes Schießen. Jedoch als Hundeführer war man ja meist auch der Durchgehschütze, und die Vögel flogen vor einem weg. Mit der Zeit und reichlicher Gelegenheit lernte ich mit allen Situationen fertig zu werden.

So war ich über einen Freund auf einer unglaublich wildreichen Jagd am Niederrhein eingeladen. Der freundliche Jagdherr, der meinen bergjägerischen Aufzug ein wenig mitleidig belächelt hatte, schloss daraus auch „bergjägermäßige" Schrot-Schießkünste, nämlich mäßige. Er gab mir unbegrenzt Hennen frei. Als diese, genau wie die Gockel, mit fast jedem Schuss vom Himmel fielen, widerrief er schleunigst seine Hennen-Schießerlaubnis mit den Worten: „Stopp, stopp! Um Gottes willen, der Mann ist ja schlimmer als 20 Füchse!"

Es kamen Jahre, in denen war ich mehr im Berg als „auf der Heide", und schnell verlernt man ohne Übung jede Kunst. So erlebte ich vor einigen Jahren auf einer berühmt guten Jagd im Burgenland mein Fasanen-Waterloo, als mich Wolken dieser „bösen" Vögel total aus der Fassung brachten. Der Berg von Patronenhülsen neben mir entsprach in keiner Weise der Strecke, die hinter mir im Herbstgras hätte liegen müssen. Daraus habe ich gelernt, und eifrige Übung hat Erfolg gebracht; doch auch hier fordert das Alter seinen Tribut – man ist nicht mehr so fix wie einst im Mai.

Arg wird's nur, wenn einer gar nichts trifft. Mein ehemaliger Jagdnachbar hatte zu seiner Fasanjagd einen Bekannten aus dem Allgäu eingeladen. Dieser als Chef eines großen Molkereibetriebes war gewohnt, dass alles nach seinen Wünschen lief. Doch mit dem Treffen der schnellen Vögel wollte es überhaupt nicht klappen. Um ihn endlich doch zum Erfolg zu bringen, stellte ihn der Jagdherr an die Spitze eines großen dreieckigen Weidendickichts. Das Treiben lief darauf zu. Da ich als Hundeführer mit den Treibern ging, konnte ich zum Schluss das sich zuspitzende Drama verfolgen. Die Fasanen wurden langsam auf den Eckschützen zugedrückt und gingen zum Schluss in herrlichen Buketts vor ihm hoch. Er schoss Dauerfeuer. Die Läufe glühten. Aber, hol's der Teufel, nicht ein einziger Vogel fiel vom Himmel. Immer neue gockende Hähne stiegen vor ihm auf – und suchten gesund und verschreckt das Weite. Als der Trieb zu Ende war und ich auf ihn, der inmitten leerer Patronenhülsen stand, zutrat, war der wackere Allgäuer am Ende seiner Nerven. Verzweifelt rief er aus: „I bring kuin ra! Huaraviecher!" (Ich bringe keinen runter.)

Mein Freund und Jagdnachbar war ratlos, wollte er doch, dass der Gast endlich seinen ersehnten, bunten Vogel erbeutet hätte. Da machte ich den Vorschlag, dass ich den „Millipanscher" – wie er scherzhaft hieß – am Abend sicher zu Schuss und Beute bringen würde. Ich wollte ihn – „Diana verhülle dein Haupt!" auf einen abendlich aufgebaumten Gockel führen. Gesagt, getan. Wir schlichen uns in das kleine Feldgehölz, dem nun in der Dämmerung die „Überlebenden" zustrebten. Als das Gockeln der aufgebaumten Hähne langsam verstummt war, führte ich den Gast vorsichtig wie bei der Auerhahnbalz (nur um die Sache spannender zu machen) unter den Schlafbaum eines der bunten Vögel. Diesmal traf der Allgäuer. Stolzgeschwellt erschien er mit seiner Beute auf der Jagdhütte. Dem Vogel wurde alle Ehre angetan, vom Streckelegen, letztem Bissen, Verblasen und natürlich bis zum gebührenden Tottrinken. Noch heute, so sagte man mir, würde er prächtig präpariert das Büro des Molkereichefs zieren.

Doch nun zurück zum Hansåg.

In einem komfortablen, seitlich offenen Anhänger mit fixierten Sitzbänken werden wir zum nächsten Trieb gezogen. Der Regen prasselt auf das Dach, die nassen Hunde drängen sich zwischen unsere Knie. Sie haben tolle Arbeiten gezeigt. Als Hundeführer weiß man, wie schwer es ist, einen nur geflügelten Fasan im verfilzten Unterholz mit seinen vielen Verleitspuren und Geläufen zu finden und heraus zu bringen. Eine Bekannte von Bernd ist mit drei ihrer Labradors dabei. Ohne Flinte. Sie wollte sich nur der Arbeit ihrer Hunde widmen. Neben ihr saßen frei, ruhig und konzentriert ihre Hunde. Die Nachbarschützen holten einen Vogel um den anderen vom Himmel. Derweil rührte sich keiner ihrer Hunde, die aufmerksam beobachtet hatten, wohin der Vogel fiel. Auf leisen Zuruf eines der Hundenamen brachte der Angesprochene den getroffen, setzte sich und gab aus. Währenddem bewegten sich die anderen nicht von ihrem Platz. War hingegen der nächste angesprochen, wiederholte sich das Ganze in umgekehrter Reihenfolge. Das war Hundeführung und Gehorsam in Vollendung. Was für Bilder bekommt man sonst auf Gesellschafts-jagden zu sehen!

Wieder stehen wir auf schmaler Schneise zwischen den Wald-stücken. Ein Hase huscht zwischen meinem Nachbarn und mir darüber. Als er im Gesträuch verschwinden will, fährt die Flinte hoch – doch da macht er einen Kegel. Nein, so kunstlos soll er nicht sterben. Plötzlich ein Satz – und spurlos ist er verschwunden. Ich bin nicht traurig, denn Hasenschießen war nie meine große Leidenschaft. Dennoch – Hasenjagd im Wald, das hat seinen besonderen Reiz. Wenn du denkst, der Löffelmann hoppelt weiter und die Flinte fährt voraus – da bleibt er unvermittelt sitzen und der Schuss geht vor ihm in die Botanik. Und dann auch noch die irritierend vielen Bäume!

Nach weiteren drei Trieben tuckert uns der Traktor zurück ins Jagdhaus, wo ein kleiner Imbiss und eine warme, vor allem trockene Stube uns willkommen heißt. Heiße Fasanenbrühe mit einem Schuss Sherry ist innerlicher Sonnenschein.

Erinnerungen an eine bunte Jagd mit Freund Bernd sind unser Mittagsgespräch: Wir hatten zwei Tage im Burgenland auf Fasan und Hase gejagt, in einem Revier, das er mit meinem Freund Peter zu einem jagdlichen Eldorado gemacht hatte. Die Sonne schien blass vom Novemberhimmel, und der pannonische Wind fegte eisig von der ungarischen Tiefebene her übers Land. Die Gockel waren schnell und unberechenbar, wenn sie aus den

Windschutzgürteln aufstiegen. In dem Moment, als sie der Sturm packte, war's, als hätten sie einen Nachbrenner wie ein Düsenjäger. Das kostete Patronen. Zum Trost – auch bei den Flinten-Matadoren.

Wir wollten anderntags in Bernds steirisches Hochgebirgsrevier zum Gamsjagern fahren, und so hatte ich diesmal mein ganzes Zauberzeug für Berg und Tal dabei. Auf der Fahrt über den Semmering fing's – erst zögerlich und dann immer dichter – zu schneien an. Mit einem Schlag war's tiefer Winter geworden. Bis wir auf dem Jagdhaus waren, hatte der Quattro sich schneepflügend zu bewähren.

Ich war bereits des Öfteren in diesem herrlichen Revier Gast gewesen und hatte zuvor schon viel darüber gelesen, besonders aus den inzwischen historischen Jagderzählungen von Carl v. Blaas und Graf Silva-Tarouca, der vor vielen Jahrzehnten dort Jagdherr war.

Der kurze Tag reichte noch, um einen Kontrollschuss auf die 200 m-Scheibe zu tun. Die Fenster meiner Stube in diesem urgemütlichen Haus blickten hinaus auf das Wintergatter. Da stand an den Futterstellen das Rotwild – mitten drin wahre Kapitalhirsche – direkt vor meinem Fenster. Man musste sich losreißen von diesem Anblick.

Am nächsten Tag schneite es weiter und der schwere Gelände-wagen hatte alle Mühe, uns weiter hinauf in das große Bergrevier zu bringen. Irgendwann war Schluss mit der Schneewühlerei, und der Aufstieg im bereits knietiefen Schnee begann. Dankbar, dass der Jäger Wolfgang und Bernd vor mir wateten, hatte ich es leichter als die Spurtreter.

Unser Weg führte hinauf zum „Ochsenboden".

Ein weites Kar unter den felsigen Gipfeln. Auf der rechten Seite begrenzt es ein kleines, von Latschen gekröntes Felsmassiv, der „Hagenbachstein". Dort herrscht jedes Jahr reger Brunftbetrieb. Doch zuvor verlangte der Aufstieg viel Mühe und Schweiß. Eine Strecke vor dem angestrebten Ansitzplatz mussten wir ein Latschenfeld queren. Das war ein besonderer Leckerbissen. Die dick mit der weißen Last bepackten Zweige machten aus uns dampfende, weiße Yetis. Das war als Tarnung gar nicht so schlecht, denn als wir uns durch die Zundern gekämpft hatten, waren die Gams auf wenige hundert Meter vor uns. Bis zum Brunftplatz droben am Hagenbachstein waren es zwar noch knapp 300 m, unsere drei dunklen Gestalten vor weißem Hintergrund hätten das Wild jedoch sicherlich vergrämt. Ein kleiner Bodensitz mit guter Auflage für die Büchse nahm uns auf, nachdem wir in sicherer Deckung unsere nassen Hemden gewechselt hatten. Wieder einmal musste ich meine „Meraclon"-Unterwäsche loben. Sie war immer noch trocken und warm. Alle Feuchtigkeit hatte sie vom Körper wegtransportiert.

Wir konnten uns Zeit lassen, ein passendes Gams aus der schwarzen Schar herauszufinden. Eine alte Gais zog die Linsen unserer Spektive auf sich. Nach langer Beobachtungszeit waren wir sicher, dass sie kein Kitz hatte. Steil hinauf musste ich schießen. Die Entfernung war bekannt, und das Fadenkreuz stand wie festgeschraubt kurz hinterm Blatt, als ich das Züngl berührte. Sie kippte vom Rand des Felsens in den darunter liegenden Lahner, wo sie fast völlig im tiefen Schnee versank. Den dumpfen Schussknall verschluckte die winterliche Umgebung. Die anderen Gams nahmen keine Notiz, dass eine der Ihren nicht mehr war. So hatte der Bernd nach einigem Spekulieren einen Bock erspäht, der zufälligerweise ebenfalls auf diesem Felsköpferl stand und nach dem Schuss genauso in den Lahner hinabstürzte.

Nach angemessener Wartezeit ging der Wolfgang die beiden Gams holen. Sie lagen nur wenige Meter nebeneinander. Ich gesteh's, ich war erstmalig in meinem Jägerleben zu bequem, mir mein Wild selber zu holen. Bernd und ich stapften dem Jäger nur ein wenig entgegen, um uns an der doppelten Beute zu erfreuen. Beim Abstieg, da war ich wieder dabei, mein Wild hinter mir her zu ziehen. Aber das war keine allzu große Heldentat, bergab in ausgetretener Spur.

Der Obertreiber macht ermahnend Schluss mit unserem Schwelgen in der Erinnerung.

„Schaut's naus, ihr Jager, kaan anzigs Tröpferl mehr!"

Die langen Bruchwaldstreifen in ihrer Verlängerung werden weiter getrieben, genau in der Richtung, in der die unbeschossenen Gockel gestrichen waren. Erfahrungsgemäß werden bei mir nach der Ruhepause die Trefferergebnisse etwas schlechter. Zum Trost sehe ich auch die Meister hin und wieder mit nassem Pulver schießen. Doch was macht das aus bei solch einem Wildreichtum!

So geht es weiter, Trieb um Trieb, der Wildwagen ist voll behangen mit den bunten Vögeln. Am späten Nachmittag dringt sogar eine wässrige Sonne durch den dünnen Wolkenschleier.

In der Ferne kreist ein Seeadlerpaar. Wo sieht man das noch?

Als Finale steht nun der stille Entenweiher an. Weiträumig werden die Schützen postiert. In der einbrechenden Dämmerung versuchen die Breitschnäbel, sich im Schilf zu verdrücken. Wenn's dunkelt, stehen sie nur ungern auf. Doch dann prasselt mit protestierendem „bräät!" Schwingenschlag auf, ein letztes Flintenknallen, und die Strecke ist noch bunter geworden.

Heimlich ist die Nacht hereingebrochen, als die Strecke im Fackelschein verblasen wird. Schöne Bilder aus einer ursprünglichen Landschaft werde ich mit heim nehmen. Die Gesellschaft der Mitjäger, die Harmonie untereinander ist ein wesentlicher Beitrag zu einem perfekten Jagdtag. Das Wetter, ja selbst die Höhe der Strecke ist nur zweitrangig.

Kürzlich las ich in einem Jagdbuch einen treffenden Ausspruch zu diesem Thema: „Mit manchen Jagdgesellen ist es ja so, wie wenn man in ein Glas Champagner einen Tropfen Tinte gibt: Der Geschmack ändert sich nicht, aber die Farbe. Und das verleidet einem den Gusto."

Hier war der Genuss ungetrübt. Nur Regentropfen, keine Tinte.

Hasen

Als Kleinkind schon sah ich winters an luftiger Stelle unseres Hauses ab und zu einen vom Stamme Mümmelmann hängen. Bevor er dann mit Blaukraut und Knödeln verspeist werden konnte, ließ man sein Fett zu medizinischen Zwecken aus. Damit wurde uns Kindern bei Erkältung die Brust eingerieben. Der Geruch dieses Hausmittels hat mir fürs Leben den Genuss des Hasenwildbrets verdorben. Alle Koch- und Würzkünste können ihn nicht überdecken. Da ich zum großen Teil auch ein „Küchenjäger" bin, hat meine Jagdpassion auf die Löffeltiere nicht so das rechte Feuer. Dennoch bin ich ihnen von Herzen zugetan und habe in meinen Jagdbereichen nach Möglichkeit alles getan, um sie vor Feinden – zwei- und mehrbeinige – zu schützen. Dazu zählten auch die Bauernburschen, die „Saukrüppel" in meinem Jagdrevier, deren sadistischer Sport es war, bei Nacht mit dem Auto über die Feldwege zu rasen, um die dort hockenden Mümmler platt zu fahren.

Die erste jägerische Begegnung mit einem Hasen – er war zwar bereits abgebalgt – hatte ich als angehender Jungjäger. Und das kam so. Zu einer der allerersten Treibjagden nach dem Krieg, als die deutschen Jäger anfangs der Fünfzigerjahre wieder Waffen führen durften, war ich als Jagdhornbläser nach Eisenhofen beordert worden – einem kleinen Dorf; es liegt inmitten schweigender Wälder im Dachauer Hinterland. Die Einwohner rühmten sich – ob sie es heute noch tun, weiß ich nicht –, dass der damalige US-Präsident Eisenhower seine familiären Wurzeln in diesem Ort habe.

Die Wild-Strecke war sehr dürftig, man freute sich, endlich wieder jagen zu können. Als noch vor der Jägerprüfung stehender, unbewaffneter Bläser war ich in die Treiberschar eingereiht. Es war eine Meute fröhlich johlender Schulbuben. Der Dorflehrer führte sie an. Wie gesagt, es lagen nur sehr wenige Löffelmänner auf der Strecke und der Schullehrer war bitter enttäuscht, dass er für seine Treiberdienste nicht den erhofften Naturallohn – sprich Hasen – bekam. Doch im Laufe des abendlichen Schüsseltreibens wurde ihm dann doch zu seiner Freude der verdiente Braten überreicht. Man brachte ihm unter großem Hallo einen bereits ofenrohrfertigen Hasen dar, den er nun zu seiner Erleichterung auch nicht mehr abzubalgen brauchte. Nachdem der Herr Lehrer einige Tage später den Mümmelmann verspeist hatte, sickerte durch, dass es die als verwildert erschossene Katze des Pfarrers gewesen sei. Sobald der Pauker nun im Dorf auftauchte, ertönte aus allen Winkeln ein zartes „Miau". Man erzählte mir, dass der Pfarrer den Lehrer darauf hin mit Missachtung strafte und dieser seinerseits hinfort eine sonderbare Abneigung gegen alle Jäger hätte.

Es herrschten in jener Gegend besonders raue Bräuche, die mir deshalb gut im Gedächtnis geblieben sind, da es die erste Treibjagd meines knapp fünfzehnjährigen Lebens war. Einer der Jagdgäste kam mit einem Goggomobil daher. Diese kleinen Spuckerln waren auch unter dem Namen „Leukoplastbomber" bekannt.

Als sein Besitzer nach dem Schüsseltrieb heimfahren wollte, fand er seine Kiste auf der Friedhofsmauer aufgebockt wieder. Die lieben Mitjäger hatten die Kutsche – leicht war sie ja – auf die Mauerkrone gehievt. Gegen ein hohes, flüssiges Lösegeld hoben die Helden das „Autschkerl" wieder herunter.

Übel erging es einem anderen Jäger, dem man ständig Pfeffer ins Bier streute. Um den Unsinn zu unterbinden, stellte er sein Glas hinter sich vors geöffnete Fenster. Ein anderer Schlawiner ging hinaus und tat ihm nun einen Rossbollen hinein. Nirgendwo sonst habe ich solch grobe Scherze erlebt. Vielleicht war's auch nur die überschwappende Freude, endlich wieder frei jagen zu dürfen.

Anderthalb Jahre später hatte ich meinen Jugendjagdschein und einen gütigen, unglaublich großzügigen Jagdherrn, bei dem ich mitjagen durfte. Seine ganze Freude war die Jagd mit der Flinte. Als wär's erst gestern gewesen, erinnere ich mich an meinen ersten Schrotschuss auf Wild in seinem Revier. Es war, in meinem Schussbuch steht's: am 4. April 1953, und im Hochwald ruckste ein Ringeltauber. Er drückte mir seine feine Büchsflinte in die Hand und schickte mich los, den Tauber anzupirschen. Der Schrotlauf war ein 28er, und die Kugel hatte Kaliber 5,6 x 52 R, ein kleines Zielvier darauf, schlank und elegant, ohne die zierliche Waffe zu erschlagen. Den Vogel anzuschleichen, hatte ich längst in meiner Steinschleuderzeit gelernt und bald stand ich unter dem hohen Balzbaum. Vor meinem geistigen Auge sehe ich noch heute die zartblaue, rosig überhauchte Brust des Taubers im Schein der Abendsonne schimmern. War das ein Hochgefühl, als der Vogel auf den sanften Knall der kleinen Patrone von seinem luftigen Auslug herabstürzte. Tief atmete ich den herrlichen Duft der abgeschossenen Hülse ein. Noch tagelang trug ich sie in meiner Joppentasche und schnüffelte immer wieder wie ein Süchtiger daran.

Hin und wieder durfte ich mir das feine G'wehrl ausleihen und habe damit so manches Reh erlegt. Als eigene Waffe besaß ich ja nur einen „wiedergefundenen" Hahndrilling. In meinem Buch „All das ist Jagd" habe ich dieser Waffe ein Kapitel gewidmet. Diese „Kartaune" hatte heillos rostzerfressene Läufe. Die alten Jäger meinten, dadurch hätten die Rohre erst den „rechten Brand", und es würde nichts ausmachen.

An herbstlichen Wochenenden liebte es mein Jagdherr, mit meinem Bruder und mir zur Hasensuche über die Felder zu stolpern. Völlig ungeübt im Flüchtigschießen, lernte ich die Hasen fürchten. Oft sah ich schon von weitem einen in der Sasse hocken. Mein Herz bumperte bis zum Hals, der Mund wurde mir trocken. Im Stechschritt und Voranschlag näherte ich mich der sicher geglaubten Beute. Mit starrem Blick und zurückgelegten Löffeln äugten sie mich aus ihrem Lager an. Hähne aufgezogen!

Und dann fuhren sie wie der Blitz heraus. Funken gerissen! „Bum – bum!" Viel zu schnell, viel zu nah, und immer vorbei. Herrschaftszeiten, Kruzitürken! Hol sie alle der Teufel! Jedes Mal, wenn ich einen in der Sasse sitzen sah, ahnte ich mein Waterloo. Und mit „bum – bum" ging's wieder daneben. Seltsam, wenn ein Querreiter daherkam, schlug diese Sorte Hase oftmals ein Rad. Bis mein Gönner mir etwas Wichtiges beibrachte:

„Wenn du einen Hasen in der Sasse hocken siehst, mach' ihn hoch, zähl' erst bis vier und erst dann geh' in Anschlag!"

Die schönsten und stimmungsvollsten jagdlichen Erlebnisse bescherte mir – und das tut es noch heute – der abendliche Ansitz auf den heimlich auf samtigen Pfoten in später Dämmerung ausrückenden Hasen. Für den Schuss auf Rehe war's dann schon meist zu finster, denn ein Zielfernrohr besaß ich noch lange nicht. Es war und ist noch immer ein besonderer Genuss, den allmählich zur Nacht werdenden Tag schwinden zu sehen. Wenn plötzlich, wie hingezaubert, am Waldrand sichernd Freund Lampe sitzt, nach dieser Halbstunde bin ich süchtig, auch wenn's mir heute längst nicht mehr um seine Erlegung geht.

Solch ein Abendansitz hätte beinah unserem Kurzhaarrüden „Birko" das Leben gekostet. Ein Bläserkollege und ich waren zum Ansitz an verschiedenen Plätzen im Revier eines großzügigen Gönners eingeladen. Im letzten Licht beschoss ich einen der Heimlichen. Er lag nicht am Anschuss. Ich schickte den Hund zum Bringen. Kurz darauf knallte es bei meinem Freund, und gleich darauf hörte ich ihn um Hilfe schreien. Voller Entsetzen stürzte ich hin. Da lag der brave Birko und rührte sich nicht mehr. „NEIN!", schrie ich, rasend vor Wut. „Du verdammter, schussgeiler Teufel!" In der Dämmerung hatte der Unglücksrabe den Hund für einen Hasen gehalten. Völlig von Sinnen ging er beiseit', um sich zu erschießen. Mit der einen Hand schlug ich ihm die Flinte weg, mit der anderen kräftig ins Gesicht. Das brachte ihn wieder zu sich.

Was war mit dem Hund? Zum Glück, er lebte noch, sein Herz schlug. In großer Hast packten wir ihn ins Auto und rasten zum

Tierarzt in die einige Kilometer entfernte Kleinstadt. Bis wir dort ankamen, hatte der Rüde den Schock ein wenig überwunden. Als der Arzt ihn untersuchen wollte, biss ihn der verwirrte, sonst so freundliche Hund in die Hand. Zum Glück hatten die Schrote weder Augen, noch Organe verletzt.

In den Sechzigerjahren des vergangenen Jahrhunderts war der Maisanbau in Oberbayern noch sehr gering. Dafür gab's hervorragende Niederwildstrecken und besonders in der trockenen Kiesebene im Münchner Norden Hasen in Mengen. Man war begehrter Hundeführer, Jagdhornbläser – von denen gab's noch wenige in jenen Jahren. So war's kein Wunder, dass man durch reichliche Einladungen und Jagdmöglichkeiten eine Schießfertigkeit bekam, die beinah perfekt war. Wenn ich sah, wie andere Jäger die Krummen vorbeischossen, dachte ich – überheblich, wie es die Jugend gerne ist: „Wie kann man da überhaupt vorbeischießen?" Doch dieser Übermut hat sich im Laufe der Jahre durch die immer spärlicher werdenden Möglichkeiten zu einer bescheideneren Selbsteinschätzung reduziert.

Nach etlichen Jahren hatte ich selber ein Niederwildrevier. Dort konnten wir nach einigen Schonjahren, in denen dem Raubzeug und den Füchsen gründlich nachgestellt wurde, endlich auch eine kleine Treibjagd abhalten. Zu der Zeit hatte ich einen wildpassionierten Jagdfreund aus der Schweiz, der erstmalig auf einer solchen Jagd dabei sein konnte. Die Krönung des Tages war für ihn die Erlegung seines ersten Hasen. Dringend forderte er beim Streckelegen, man solle ihn zum Hasenjäger schlagen. Er habe gehört, es sei ein alter deutscher Jägerbrauch und jetzt verlangte er dringend nach dem Schwertstreich. Nun gut, wir machten gute Miene zu diesem Spiel, obwohl ich derlei „Brauchtum" mit Stirnrunzeln sehe. Eine harmlose Gaudi war's dennoch, und er sollte unter den Jagdhornklängen des „Pfunde Gebens" mit der Machete – mangels Weidblatt – zum Jäger geschlagen werden. Jetzt wurde es zur Posse, denn eh ich mich versah, hatte er die Hosen herunter gezogen und reckte uns den blanken Spiegel hin. Dafür fielen meine drei Streiche entsprechend klatschend aus. Na schön, dann sollte er auch spüren, wonach er so nachdrücklich verlangte.

Nach der Jagd sah ich streng darauf, dass die Löffeltiere sauber aufgebrochen wurden. Es gibt zwar die Mär, dass sie erst so recht schmackhaft würden, wenn das Gescheide eine Woche im Hasen bliebe. Doch mir war schon immer klar, dass zur Reifung des Wildbrets keinesfalls die Darmbakterien notwendig sind. Also wurden zur Versorgung der Strecke gerne Jungjäger angelernt, damit sie in der Praxis ihre Theorie erproben konnten. Einer von ihnen, der später mein fleißiger Helfer wurde, hatte von einer tollen Methode des „Auswerfens" gehört. Zuerst müsse man einen Querschnitt über die Bauchdecke des Hasen machen. Darauf nehme man den Mümmler bei den Vorderläufen und wirble ihn mit ausgestrecktem Arm mehrmals über den Kopf. Dann ziehe man den Hasen mit einem kräftigen Ruck zu sich heran – und das Gescheide würde komplett aus der Leibeshöhle fliegen.

„Nun mach' uns das bitte vor!", forderte ich ihn auf. Gesagt, getan. Er wirbelte Meister Lampe wie ein Wahnsinniger über seinen Kopf – ein plötzlicher Ruck – und das gesamte Gescheide wickelte sich um sein edles Antlitz. Irgendwas mit der Fliehkraft hatte er wohl falsch berechnet. Der Heiterkeitserfolg war überwältigend!

Es ist um die Hasenjagd recht still geworden. Intensive Landwirtschaft mit riesigen Monokulturen von Körnerfrucht sind das Aus für alle Bewohner der Feldflur. Getreide, das nicht zur Ernährung, sondern zum Füllen der Benzintanks dient, ist wohl die allergrößte Sünde. Seltsam – von den so genannten Ökologen hört man keinen Aufschrei, wenn durch diese einseitig bebauten Flächen unzähligen Lebewesen das Lebensrecht genommen wird. Seltsam – von den Kirchen hört man auch keinen Protest, wenn gleichsam Brot durch den Auspuff gejagt wird. Nur noch wenige Reviere, wo eine Restnatur den Tieren eine Heimstatt bietet, gestatten eine nachhaltige Ernte.

Was das Wort „Hasensegen" bedeutet, konnte ich auf einer Jagd bei meinem Freund Peter im Burgenland erleben. Im Laufe des Tages kamen mir weit über 1.000 Löffeltiere in Anblick. Und das nur auf meiner Seite der kilometerweiten Triebe. Teilweise waren es Rudel von 20 bis 30 Stück, die nach dem Prinzip der Schwarmbildung – fast könnte man sagen – „angriffen". Dem gepflegten Revier kommt zugute, dass ein großer Teil im Trappenschongebiet liegt. Dadurch gibt's dort riesige Bereiche von Brachflächen, dazu eine Jägerei, die den Feinden des Niederwilds hinterdrein ist wie der sprichwörtliche Leibhaftige. Von nichts kommt nichts.

Es war mir am Ende dieser Jagd klar, dass ich so etwas wohl nie wieder erleben würde. Trotz anfänglich prall gefüllter Patronentasche stand ich in einem der Vorsteh-Triebe dem nicht enden wollenden Anlauf „wehrlos" mit leer geschossener Flinte gegenüber. Nur „bum-bum" zu rufen, kam mir lächerlich vor. Ein tolles Finale meiner Hasenjägerlaufbahn.

Vor kurzem, auf der Fasanjagd, waren auch Hasen frei. Ich gesteh's, ich habe solange unschlüssig mit der Flinte herumgestochert, bis sie glücklich unbeschossen im Gesträuch verschwunden waren. Ich war erleichtert. So ist das, alte Jäger können sonderbar werden.

St. Nikolaus

Tagelang nichts als nervtötender Schnürlregen. Man sollte keinen Hund vor die Türe jagen. Doch wer einen Hund hat, weiß, dass es da kein Pardon gibt. Dann wurde es allmählich kalt – kälter, bis ... ja bis mich am Morgen des Nikolaustages meine Frau mit der frohen Botschaft aus der Sasse scheuchte: „Schau 'naus, es schneit, es ist schon alles weiß!"

Welchen Jäger hält es da noch im Bau! Aber bis ich endlich ins Revier kam, war's schon Nachmittag geworden. Als Erstes wollte ich ein wenig abfährten, ein bissl schauen, was los war in der Nacht. Mit meinem alten R4 klapperte ich die Fütterungen ab und freute mich über den regen Betrieb, der hier in der Nacht geherrscht hatte. Mein Jagdhelfer hatte die Tröge, die „Nirscherl" noch gestern wohlgefüllt. Und weiter ging's von Waldstück zu Waldstück. Hasen gab's jede Menge – den vielen Spuren nach zu schließen. Doch so ein einziger Mümmelmann ist in einer Nacht viel unterwegs, und gerne glaubt man, es gäbe deren eine Menge. Die Füchse, wie immer, entlang der Gräben. Da fiel mir ein, dass ich den Enten Eicheln und Mais mitgebracht hatte.

Durch einen großen Teil des Reviers zieht sich die Strogn, ein gemächlich dahinfließender breiter Bach, fast schon ein Flüsschen. In ein sanftes Tal gebettet, mäandert sie schilfumsäumt, von Erlen umstanden, von jeglicher Begradigung verschont, dahin.

Auf dem Feldweg, der zwei weit auseinander liegende kleine Weiler miteinander verbindet, ließ ich meinen „Transportesel" stehen. Die Büchsflinte blieb gut zugedeckt hinter dem Vordersitz zurück. Meine brave Kurzhaarhündin „Norma" freute sich, endlich aussteigen zu dürfen. Gerne ließ ich sie voraus springen.

Mit dem Futtersack über der Schulter spurte ich durch den wadentiefen Schnee die etwa 150 m hinunter zum Bach. Wir hatten dort unten ein Futterfloß. Mitten im Wasser schwimmend, konnte es mit einem Seil zum Wiederbefüllen ans Ufer geholt werden. Ich zog es zu mir her und schüttete das Futter darauf. Da gab's mir einen Riss. Laut und erbärmlich klagte ein Reh. Sollte die Hündin etwa ...? Sie war doch absolut rehrein. Wenn bei einem Treiben die Rehe wenige Meter an uns vorbeiflüchteten, da schaute sie absichtlich weg, wie um zu dokumentieren: „Sieh her, wie brav ich bin!"

Futtersack und Floß ließ ich sein, stürzte fort, kämpfte mich durch den Schilfdschungel, aus dem das Klagen zu hören war.

Mitten drin hatte die Hündin eine Rehgeiß an der Drossel gepackt und niedergezogen. Schnell fing ich sie mit Herzstich ab. Was war geschehen? Ein gesundes Reh schaute meine Norma doch nicht an. Bei näherer Untersuchung sah ich es – ein Vorderlauf zeigte einen offenen Bruch und eine deutliche Schürfstelle. Das schaute ganz nach einem Verkehrsunfall aus. Da musste ich meine Braune doch sehr loben. Ich brach die Geiß gleich hier auf, schnappte meinen nun leeren Futtersack und zog mit dem Reh im Schlepptau hinauf zum Feldweg.

Es hatte wieder angefangen heftig zu schneien. Der kurze Dezembertag ging zur Neige. In der Dämmerung sah ich neben meinem Wagen eine Gestalt stehen. Eigenartig – sie trug eine hohe Mütze, grad wie ein Bischof. Beim Näherkommen glaubte ich, einer Sinnestäuschung erlegen zu sein. Das war ja leibhaftig der Nikolaus! Ich blieb stehen, rieb mir die Augen – er war aber immer noch da! Und da hörte ich auch schon: „Jager, du bist mei' Rettung!"

Bei ihm angelangt, erklärte er mir aufgeregt seine Notlage. Sein Auto hatte weitab von der letzten Ortschaft den Geist aufgegeben. Heute wär's kein großes Problem. Man würde sein Handy hernehmen und Retter herbeirufen. Aber damals wusste noch niemand was von diesem kleinen Helfer. Seine Mannschaft: Krampus und als Zugabe zwei kleine Engerl hatte er zurückgelassen, um zu Fuß Hilfe zu holen. Wegen der Kälte musste er mit seiner hohen Mitra losziehen, da er auch noch „plattert" war und es ihn erbärmlich am Kopf fror. So stand er vor mir mit wehendem Bart im schneeumwirbelten Dämmerlicht in weißer Ödnis. Ein unglaublicher Anblick.

Er gestand mir, dass er eiligst nach Erlbach müsse. Dorthin sei er bestellt – zur Nikolausfeier meines Jagdnachbarn. Und er sei schon eine Stunde überfällig. Ob ich denn nicht auch ...?

Also packte ich Hund und Reh hinten in die Klappe des R4, den ausgekühlten Heiligen auf den Nebensitz. Er wies mir den Weg zu seinem Auto.

In einem Hohlweg, schon mit einer kleinen Schneehaube auf dem Dach, stand sein Wagen. Dann befreiten wir die bereits reichlich Verfrorenen. Der schwarze, grimmige Krampus mit Büffelhörnern, Rasselketten und Rute kam auf den Rücksitz, flankiert von zwei zarten, etwa zehnjährigen, blonden Engerln, die ihre goldenen Flügel abgenommen und auf den Schoß gelegt hatten. Vorn saß der Nikolaus mit der Büchsflinte zwischen den Knien. Das sah ganz toll aus. Der Sack mit den „guten Gaben" musste nach hinten zu Hund und Reh. Eine solche Fuhre hatte gewiss noch kein Jäger gehabt.

Reichlich beladen pflügten wir schneewirbelnd über die tief verschneiten Straßen zum Dorfwirtshaus in Erlbach. Sogleich erschien händeringend mein Jagdnachbar in der Tür. Die kleine Heiligentruppe verschwand eiligst mit „himmlischen" Dankesworten in die behagliche Wärme, während mein Nachbar mich schulterklopfend einlud, an der Feier teilzunehmen.

Ich hatte jedoch Hund und Reh zu versorgen, und daheim war ja auch eine kleine familiäre Feier geplant.

Ansichten eines Jägers

Und wenn es nicht ums Jagen wär
Als fern vom Stadtgewimmel
Durch Lauben wie sie baut der Wald
Zu schaun den blauen Himmel,
Den Schwätzern aus dem Weg zu gehen
Und keine Narren mehr zu sehn,
Es wär genug der Lust dabei
Zum Lob der Jägerei.

Dieser Vers aus dem Gedicht „Zum Lob der Jägerei" von Franz von Kobell (1803–1883) ist eines der Leitmotive meiner Jägerei. Im Lauf eines langen Jägerlebens haben sich noch so manch andere herauskristallisiert, die allen Anfechtungen und Verlockungen der „modernen Zeit" standgehalten haben. Obwohl ich als „Solojager" am liebsten allein mit meinem Hund jage, so suche ich doch zuweilen – auch um nicht völlig zu „verwaldschraten" – die Gesellschaft anderer Jäger; wobei ich besser sagen sollte – Weidmänner. Dabei genieße ich das Gespräch, welches mir immer wieder bestätigt, dass ich mit meinen Ansichten keineswegs so allein dastehe wie das „Männlein im Walde".

Das Erscheinungsbild vieler Jäger in der modernen Aufmachung eines Busch-Rambos, der eher ausschaut wie ein Kämpfer vom Sonderkommando „GSG 9", muss einem arglosen Spaziergänger einen heillosen Schrecken einjagen. Es ist eine fatale deutsche Neigung, alles was von den Amerikanern kommt, wundergläubig nachzuäffen. Wie tut es wohl, wenn man in Österreich jagen darf und auch in den dortigen Jagdzeitungen sieht, welche Kultur hier – auch im Aussehen der Jäger – gepflegt wird. Alles ist im Wandel, alles fließt; das ist das Gesetz des Lebens. Was heut' auf einmal Mode ist, muss nicht unbedingt richtig und notwendig sein. Prüfen wir kritisch, was Schrott und unnützer Ballast ist und welches Neue eine echte Bereicherung und Verbesserung bedeutet! Damit wir noch Jäger im Sinne der in Jahrtausenden gewachsenen Kultur und Tradition bleiben können.

Dazu fällt mir eine Weisheit des Jägervolks der Massai ein: Wenn du ohne deine Kultur lebst, dann bist du wie ein Zebra ohne Streifen – ein Esel. Das gilt auch für uns Jäger!

Kürzlich bat mich ein befreundeter Berufsjäger, ich möge zum Abendansitz einen angehenden Jungjäger mit auf den Hochstand nehmen. Gerne sagte ich zu, da der junge Mann noch Nachweis für Praxisstunden brauchte und es mich interessierte, wer da auf welche Weise in die grüne Gilde hineinwächst.

Als wir uns auf der Kanzel bequem eingerichtet hatten, galt sein einziges Interesse meiner Waffe. So nebenbei wurde ich belehrt, dass meine Scheiring Kipplaufbüchse mit ihrem Zeiss-Diavari 1,5-6-fach zwar recht nett aussehe, zudem aber mit dem langweilig-braven Kaliber 30/06 nicht mehr zeitgemäß sei. Außerdem hätte sie nur einen Schuss zur Verfügung, der zweite wäre trotz Ejektor nur mit großem Zeitverlust abzufeuern. Wörtlich: „Sie hat keine Feuerkraft". Welch schönes Wort!

Eine Amsel flog vorbei. Den Vogel kannte er nur dem Namen nach. Zu späterer Stunde ruckste ein Ringeltauber ganz in der Nähe. Ob er wisse, was das für ein Tier sei. Da kam's im tiefsten Brustton der Überzeugung: „Ein Uhu!"

Meine weiteren Fragen eröffneten mir ein Zukunftsbild, das mich sehr nachdenklich gemacht hat. Obwohl ich als Abonnent dreier Jagdzeitschriften glaube, informativ nicht völlig bei den sieben Zwergen hinter den sieben Bergen zu sein, so haben mir seine Anschauungen einige Kopfarbeit beschert. Wäre meine bewährte Art zu jagen und die meiner Jagdfreunde nicht so unterschiedlich von der zukünftig geplanten des jungen Mannes, so hätte ich mir vorkommen müssen wie ein vertrottelter, alter Zausel aus dem 19. Jahrhundert. Leider habe ich inzwischen festgestellt, dass der technikgläubige, baldige Jagdscheininhaber mit seinen „neuen" Ansichten nicht allein dasteht.

Wie weit wird die Technik des Jagens noch gehen, bis es kein Jagen mehr ist? Jetzt gibt es Tarnkleidung – Camouflage – , die jeden Eigengeruch des Trägers zurückhält. Zielfernrohre – Ballistic-Laserscope –, die exakt die Entfernung zum Ziel, die Flugbahn der Patrone (auf Kaliber und Geschoßgewicht eingestellt), präzise die Korrektur des Haltepunkts berechnen, und das bei spärlichsten Lichtverhältnissen. Seitenlang werden Geräte zur Nachtjagd angeboten. Power-Infrarot-Strahler mit aufs Ziel einstellbarem Lichtkegel: „Sie wollen Nachtsicht und keinen Schuss ins Dunkle!" Es heißt: „Für Nachtjagd im Ausland". Nur ein blauäugiges, ahnungsloses Christkindl mag glauben, dass es „nur" im Ausland angewendet würde. Und warum ist es auf einmal im Ausland ethisch vertretbar und hier nicht? Selbstladeflinten, mit der Fähigkeit, fünf Patronen in der Sekunde zu verfeuern. Kameras, die Uhrzeit und Wechsel des Wildes verraten. Werbespruch: „365 Tage im Jahr wissen, was, wann im Revier los ist." Mikrofone, „Kanzellauscher", die das heimliche Annähern des Tieres rechtzeitig ankünden. Das verschafft dem „Nimrod" ein ungestörtes Nickerchen. Fuchsreizgeräte mit Elektroantrieb, Lautsprecheranlagen mit programmierten Röhr- und Locktönen.

Der Philosoph Ortega i Gasset hat sich seherisch schon vor Jahrzehnten in seinen „Meditationen über die Jagd" Gedanken gemacht: *„Daher kommt es, dass es in der Begegnung zwischen Mensch und Tier eine feste Grenze gibt, wo die Jagd aufhört Jagd zu sein, und zwar eben dort, wo der Mensch seiner ungeheuren technischen, also rationalen Überlegenheit über das Tierlein seinen freien Lauf lässt."* Er würde heute bei diesem Angebot an technischen Hilfsmitteln fragen: *„Hat das noch etwas mit Jagd zu tun? Jagen ist etwas anderes, etwas Feineres."*

Und weiter sagt er: „*...der wichtigste Beitrag der Vernunft besteht gerade darin, sich selbst zu bremsen, ihre eigene Intervention zu beschränken. Dieser Beschränkung ist es zu verdanken, dass die Jagd noch besteht; weit entfernt davon, eine von der Vernunft gelenkte Verfolgung zu sein. Man kann vielmehr sagen, dass die größte Gefahr für das Bestehen der Jagd die* (ungezügelte) *Vernunft ist. Der ganze Reiz des Jagens besteht darin, dass es* (das Jagen) *immer problematisch ist.*"

Durch diese Technisierung, den ungezügelten Einsatz des menschlichen Erfindergeistes wird die Erbeutung des Wildes immer einfacher, und die erwähnte Grenze in der Begegnung schwindet. Glauben wir bitte nicht, dass das heutige Angebot der Jagdzubehör-Industrie schon das Ende der Fahnenstange sei. Was irgendwie machbar und erlaubt ist – und hierbei gibt es einen weiten Dunkel-Bereich –, das wird in immer erneuten, noch raffinierteren Angeboten auf den Markt kommen, gekauft und eingesetzt werden. Die Büchse der Pandora ist geöffnet, und der Geist ist aus der Flasche.

Der Gipfel der Abartigkeit ist in den USA erreicht, auch hier das „Land der unbegrenzten Möglichkeiten". Da kann man „live" auf dem Computer-Bildschirm ein echtes, lebendes Wild erkennen. Per suchendem Cursor und Mausklick löst man „online" eine ferngesteuerte Waffe auf das Tier aus und erschießt es. Von fern her; vielleicht aus der Großstadtwohnung im 9. Stock. Der ausführende Perversling nennt sich dann ebenfalls hunter – Jäger.

Die modernen Hilfsmittel, die es seit Langem in ausreichendem Maß gibt, die zur Erbeutung des Wildes eingesetzt werden, sollen in allererster Linie dem Tier Angst, Schmerz, jede Art von Leid ersparen. Wenn wir schon töten, denn ohne dies ist es keine Jagd, dann hat das unter einem Höchstmaß an Fairness – eben dem, was wir als Weidgerechtigkeit bezeichnen – zu geschehen.

Alles Übersteigerte ist Betrug seiner selbst um wunderbare Erlebnisse, Erkenntnisse und Abenteuer. Die Mühen, um ein Wild zu erbeuten, werden auf ein Minimum reduziert. Die Kunst des

Jägers, also sein Können vor dem Schuss, wird durch immer mehr Hilfsmittel immer weniger gefordert und muss verkümmern.

Man wird mir entgegnen, dass ohne künstliche Lichtquelle eine effektive Schwarzwildbejagung nicht mehr möglich sei. Auch verkenne ich nicht den ungeheuren Druck der Wildschadensforderungen. Aber – was wird der Endeffekt sein? Dass das hochintelligente Wild nur noch heimlicher werden wird. Wieviel Rot- und Rehwild wird dann ebenfalls bei Scheinwerferlicht und mit Nachtzielgeräten, weil's ja nun erlaubt ist, geschossen werden? Niemand wird mir weismachen können, dass dies nicht geschehen wird. Die Folgen sind nur allzu klar: noch mehr Heimlichkeit, noch mehr Schäl- und Verbissschäden und vor allem noch mehr Stress und Leid für unsere Mitgeschöpfe!!

In einigen unserer Bundesländer kann man jetzt innerhalb von 14 Tagen den Jagdschein „machen". Mit schnell erworbenem theoretischen Wissen, meist ohne jede praktische Erfahrung werden diese Neugebackenen auf das Wild losgelassen. Kann man ein Handwerk, und das ist die Jagd zum großen Teil, in so kurzer Zeit erlernen? Da ist es unausbleiblich, dass zum Ausgleich fehlenden jägerischen Könnens alle angebotenen technischen Hilfsmittel dankbar und freudig angenommen und eingesetzt werden. Unter diesen Neujägern finden sich genügend der erwünschten, willfährigen Vollstrecker zur „Schädlingsbekämpfung". Das ist der Zweck der Übung! Sage niemand, er hätte die Absicht nicht gemerkt! Jagdkultur, Brauchtum, wer kann sich das in zwei Wochen aneignen, geschweige erfühlen? Der Forstdirektor eines bedeutenden oberbayrischen Areals hat es als „unnötiges Brimborium" bezeichnet und wurde dafür von der Presse gelobt. In einem Bundesland hat man bereits das Wort „Weidgerechtigkeit" laut ministeriellem Erlass gestrichen. Dabei bedeutet es doch nur „Anstand, Fairness" gegenüber unseren Mitgeschöpfen. Die Absicht ist nur allzu klar.

Wenn wir die Büchse in die Hand nehmen, müssen wir immer erneut hinterfragen, ob das, was wir tun, auch recht ist. Im Gegenzug dürfen wir nie ungeprüft übernehmen, was man uns einzureden versucht. Immanuel Kant hat uns aufgefordert: „Sapere aude! Wage es, selbständig zu denken!" Das schließt die unbedingte Verpflichtung ein, uns ständig weiterzubilden.

Wenn es abends zu dunkel geworden ist für einen sicheren Schuss, gehe ich heim und überlasse den Tieren ihr Reich, denn die Nacht gehört dem Wild; wenn es zu weit ist für einen sicheren Schuss, ich nicht näher herankommen kann – dann auf ein Neues. Wie oft im Leben habe ich auf Schuss und Beute verzichten müssen?! Ging heim mit blanken Läufen, aber mit vollem Herzen. Mit der heutigen totalen Ausrüstung, da hätt's vielleicht grad noch gehen können, aber dann wär's schon vorbei gewesen. Cramer-Klett nennt das den „Chancenminusfaktor Weidgerechtigkeit". Den Anruf der „neuen Zeit" habe ich gerne überhört. Und so … Morgen wird mir ein neuer Tag mit neuen Chancen geschenkt werden, der mich reicher machen wird, weil ich jagen werde, draußen in der Natur.

Und dadurch kommt das Wertvollste, die Essenz des Erlebens, hinzu: *„Der Weg ist das Ziel."*